另 一 个 我
弗 洛 伊 德 说 心 理

LINGYI GEWO
FULUOYIDE SHUOXINLI

不为行为和思想找寄托，只为其寻找根源和理由。

梦婷　编著

煤炭工业出版社
·北京·

图书在版编目（CIP）数据

另一个我：弗洛伊德说心理／梦婷编著．--北京：煤炭工业出版社，2018（2022.1重印）

ISBN 978-7-5020-6483-9

Ⅰ.①另…　Ⅱ.①梦…　Ⅲ.①弗洛伊德（Freud，Sigmmund 1856-1939）—心理学—思想评论　Ⅳ.①B84-065

中国版本图书馆 CIP 数据核字（2018）第 017375 号

另一个我
——弗洛伊德说心理

编　著	梦　婷
责任编辑	马明仁
编　辑	郭浩亮
封面设计	浩　天

出版发行　煤炭工业出版社（北京市朝阳区苟药居 35 号　100029）

电　话　010-84657898（总编室）
　　　　010-64018321（发行部）　010-84657880（读者服务部）

电子信箱　cciph612@126.com

网　址　www.cciph.com.cn

印　刷　三河市众誉天成印务有限公司

经　销　全国新华书店

开　本　880mm×1230mm¹⁄₃₂　印张　8　字数　150 千字

版　次　2018 年 1 月第 1 版　2022 年 1 月第 4 次印刷

社内编号　9363　　　　　定价　38.80 元

读，兼具知识性与趣味性。

　　本书还实现了理论与现实的结合——在分析弗洛伊德的理论的同时渗透了大量的现实生活的案例，让大家在轻松品读其理论的同时，能做一个心灵的探秘者——认识自己与他人的行为和思想，解开生活中的谜团，并有意识地去唤醒自己心灵深处的巨大能量，发掘自身的潜能，从而去开拓幸福的人生。

前　言

　　精神分析学之父——弗洛伊德是20世纪最具影响力的思想家，也是近代历史上对解读人类心灵方面有独特贡献的重要人物之一。他的贡献不仅体现在心理学方面，还体现在社会学、人类学、医学、文学、艺术、宗教、史学等各方面，几乎遍及人类生活的每一个领域。他的学说丰富了人们对人性的解读，改变了人们思考自身的方式，在解决人类心灵纷扰方面功不可没。

　　遗憾的是，他的著作充满深奥的学术气息，用词晦涩难懂。对常人而言，想要通读其著作以窥探人类复杂的内心世界难免会有绞尽脑汁而不得其法的无奈。

　　本书化解了这一难题。采用"原文、直解、经典案例、案例分析、警示"五大板块式结构，对弗洛伊德的理论进行了全面解

目 录

|第一章|

过失心理学

探求过失隐流的源头 / 3

潜意识意愿的直白 / 5

内心矛盾的斗争与妥协 / 9

未受抑制的联想的干扰 / 13

给压抑的心灵透个气 / 17

说错人名是侮辱，还是崇敬 / 21

对内心秘密的泄露 / 25

一种内心期待的反映 / 30

某种危险隐意的表达 / 34

感觉刺激替代的产物 / 38

内心对某信息的否定 / 42

负面情感意图的阻止 / 47

回避不愉快的感触 / 52

潜意识的不乐意 / 57

逃避真实的心理动机 / 61

思想的象征性的表现 / 66

自我谴责呼声的作用 / 69

"献祭行为"的体现 / 74

|第二章|

梦的解析

揭开人类心灵的奥秘 / 81

梦的来源——个人经历的再现 / 83

梦的来源——外部感觉的刺激 / 89

梦的来源——主观感觉的刺激 / 93

梦的来源——内部躯体的刺激 / 97

梦的来源——心理作用的刺激 / 101

显意与隐意——从梦的谜面寻求谜底 / 105

梦的伪装——某种愿望的满足 / 110

梦的目的——生理和心理的需要 / 115

梦的稽察——通过替代发挥作用 / 119

梦的象征——梦的另一个化妆师 / 124

梦的象征——象征与象征物的关系 / 128

梦的工作——梦形成的压缩作用 / 133

梦的工作——梦形成的移置作用 / 139

梦的工作——把思想转变为视象 / 147

梦的工作——梦形成的黏合作用 / 152

梦的回归——精神作用的反向运动 / 158

|第三章|

超越唯乐原则

影响心理的基本原则 / 165

唯乐原则——产生愉快的心理支配 / 167

唯乐原则——对不愉快的心理的抗拒 / 171

唯实原则——暂时容忍不愉快的存在 / 177

重复现象——自己的命运自己掌控 / 181

意识功能——克服兴奋中的欲望 / 186

死本能——施加趋向死亡的压力 / 190

生本能——生的愿望的直接体现 / 196

|第四章|

自我与本我

人类行为的心理动因 / 203

本我——受无意识力量的影响 / 205

本我—— 一切心理能量之源 / 210

自我——受知觉系统的影响 / 214

自我——对心理力量的管理 / 219

本我——能控制本能的冲动 / 225

超我——受自居作用影响 / 231

超我——监督、批判及管束行为 / 235

超我——遵循的是"道德原则" / 241

第一章

过失心理学

探求过失隐流的源头

从某种程度上说，精神分析是建立在对过失行为进行研究的基础上，我们关注并讨论过失，终极目的是通过它们了解精神分析精髓。

在日常生活中，人们常常遇到这样的情况：想好的话，却莫名其妙地用错了词（口误）；想写的字，却鬼使神差地写成了另一字（笔误）；读书看报，没有生词，却阴错阳差地发错了音（误读）；与人交谈，没事干扰，却稀奇古怪地听岔了话（误听）……生活中诸如此类的过失还很多，比如，突然想不起某个熟人的名字；想不起自己经常光顾的商店名称；想不起某日用品的搁放位置；或者忘记了要做的事，比如到某地取样东西，到了那里却想不起去干什么；与某人约好见面，结果却忘得干干净净。至于遗忘某段经历，虽不常见，也不是没有，看看影视剧便知道了，有关失忆的故事还真不少。

此外，我们还可能犯下这样或那样的小错误，比如损坏物品、遗失东西等。

上述种种行为，并不属于疾病的范畴，在健康正常的人身上时有发生，心理学上称其为"过失"或"过失行为"。

这些"不经意"的过失看似微不足道，通常不会引起我们的重视，然而，弗洛伊德认为，过失的发生并非仅仅是偶然的现象，不能用"人人都有可能不小心说错话"这么简单的逻辑一笔带过。

运用心理分析原理，尤其是无意识心理，弗洛伊德观察并分析了这些现象，发现这些不为人重视的小事并非偶然，都有一定的规律性。他认为，一切事件和现象都有其前因后果。那些外表看来好像是偶然的各种心理现象，实际上都有意识不到的动机，都被一些隐蔽的愿望所左右。

潜意识意愿的直白

　　每一种口误的结果，都可以看作是说话人的一种有目的的心理历程。事实上，口误这一正常行为，往往代表了说话人潜意识中的某种愿望。

　　口误就是人们在"不经意"间说错话。口误是人们的潜意识要表达的目的、意愿或者倾向时的一种心理体现，是对潜意识意愿的直白。一个人在潜意识中的心理活动，往往通过口误的形式来表现。琢磨一个人的口误通常可以了解到他内心的真实想法，这正是研究口误的"意义"所在。

　　一天，一位年轻的上尉正在阅读一本有趣的书，读兴正浓，他深深地被书中的故事所打动。这时忽然电话铃响了，他无耐地拿起电话。电话是上司打来的，命令他去检查一下通信线路。上尉的心里有多不乐意，可想而知。

不乐意也得去啊！匆忙检查完通信线路，上尉回到驻地，向上司汇报说："检验顺利，一切正常，安静。"话一说出口，上尉就意识到了自己的失误。正确的报告应该是"检验顺利，一切正常，完毕。"

这位上尉把"完毕"说成了"安静"，这意味着什么？这一语误，其实是心理作用的结果。在上尉的潜意识里，上司打断他的阅读，他很懊恼，渴望有一个安静的环境以继续享受阅读的快乐。于是，汇报时他就不由自主地表达了这一真实愿望。

人们常说眼睛是心灵的窗户，意思是说眼神的变化能反映一个人的心理。其实，嘴巴也是一扇窗户，也能反映一个人的心理。

一位企业老板，因为近来公司业务急剧滑坡而焦头烂额，睡不安枕，食不甘味。眼见着公司人心浮躁，士气不振，老板决定召开一个全体员工大会，以身说法，鼓舞员工同心协力，排除万难，共渡难关。

会议上，心力交瘁的老板开口便说："各位员工，大家好！今天在这里我想睡一下……"全体人员愕然，继而不禁哄笑起来。老板很快意识到自己失言，忙不迭地改口说："我是睡，呃，呃，我是说……"，结果，哄笑声不绝于耳。

老板的口误，是因为潜意识里"想要睡觉"这种内在愿望干扰所引发的。老板全力以赴以解决企业困境，想要休息的内在欲望根本不被理智所接受，也没有被清晰地意识到。但是，对于精疲力尽的身体来说，睡觉又是如此的具有诱惑性和难以抑制。于是，这种强烈的、不被理智所接受的"睡觉情结"，就趁着老板注意力放松的时候，以口误的方式得到了释放。

一个国家的一位众议院议长，在一次会议开始时说："先生们，今天法定人数已足够，我宣布散会。"

他把"开会"说成了"散会"，议长的潜意识里可能有着强烈的被压抑下去的真实愿望——早点散会。或许在他看来，本次会议不会有啥结果，对本人也无益，与其费时费力，不如干脆散会。

人们大多有这样的体验：在疲倦、兴奋、注意力分散的情况下容易发生口误。

正如上述两例，一个长期作战，身心疲惫；一个场合重大，难免兴奋，这能否说明身体状况与口误的发生有着直接相关呢？对这一揣测，弗洛伊德予以了否定。

　　他认为，人们在健康正常的情况下同样可能产生口误，这说明身体因素不能成为主因，最多充当一下帮手，提供点便利。在弗洛伊德看来，口误主要是由生理机能失调和心理活动障碍引起的注意力扰乱。用通俗的话来讲，是两种不同意图之间相互干扰的结果。人们的潜意识里总是隐藏着一些真实想法、愿望，不为人们的意识所接受、承认或知晓，于是，在意识的控制下，在理智的干扰下，这些潜意识的愿望便只能以口误形式表现出来。

　　对现代人来说，认识口误于工作、生活、学习都大有裨益：一方面，留意自己的过失，可认识自我，避免不利于己的自我暴露；另一方面，警觉他人的过失，可洞察其行为动机，了解其真实想法，巧妙应对。

内心矛盾的斗争与妥协

当一个人试图隐藏一种矛盾心理的时候，他的潜意识往往会背叛他，与他开个玩笑。

口误中往往包含着矛盾的信息。人的心理世界往往是一个矛盾的内心世界，一种心理会影响，或者说干扰另一种心理。这种矛盾心理对抗的结果是一种心理战胜另一种心理，或者说一种心理向另一种心理妥协。这种结果存在于我们的潜意识中，也可能表现在我们的行动上，以口误的形式表现出来。

一位男士对一位女士产生了好感，只可惜无论长相、学识还是家庭背景，两人的差距都很悬殊，根本不可能成为情侣。

一天，男士在大街上偶遇这位女士，心中不禁一阵狂喜，鼓足勇气上前对女士说："如果你允许，我很高兴'陪辱'你。""啪！"他话一出口，就挨了女士一记耳光。

上面的故事中那位先生所说的"陪辱",是由"陪伴"和
"侮辱"这两个词混合而成。这一混合词,除了包含陪伴的意
思外,还隐含侮辱和占便宜的意思。

显然,这位男士的内心很矛盾:他渴望陪伴这位女士,但
又害怕自己的要求会侮辱她。这足以表明男士的动机并不是很
单纯,或许他也意识到了自己的复杂动机,试图加以隐瞒,然
而口误出现了,他的潜意识背叛了他。

矛盾心理几乎人人都有。弗洛伊德认为矛盾心理的产生受
意识或者潜意识的影响。在意识层面的矛盾心理,能够被人们
感知,而受潜意识影响的矛盾心理,往往会隐而不察。正是这
种矛盾心理的存在,当我们即使在不觉得疲倦、兴奋和心不在
焉时,同样会说错话。

弗洛伊德说,"注意力"理论往往与口误出现的事实并不
相符。口误并非完全是注意力不集中的问题,多半与说话人当
时的矛盾心理状态有关。

有一个人,很富有,可很吝啬。一次,他邀请一些朋友
开舞会,到晚上11点还很热闹。中间有一个休息时间,大家以
为要开宴了,没想到富翁仅用夹肉面包和柠檬汁来待客。恰逢
国家大选的日子即将来临,谈话主题自然集中到总统候选人的

问题上，讨论越来越激烈。其中一个支持罗斯福的客人，大声向主人说："罗斯福的好处太多了，说也说不完，然而有一件事不能不提，他是一个绝对可靠和公正的人，铁面无餐。"他话一说完，人们便哄然大笑。他把"铁面无私"说成"铁面无餐"，对这一口误的来由，主人与客人都心知肚明，场面难免有些尴尬。

客人出现这样的口误，正是源于这样的矛盾心理：对富翁盛情相邀的感激与对富翁吝啬待客的不满矛盾情绪。

弗洛伊德认为，内心思想的矛盾最容易导致人们把想说的话说反。在说话时，误说反话是思想矛盾在意识言语里的表现，因为相反的话在一个人潜意识里是有关联的，它们的位置相当接近，很容易就会弄错。

有一对夫妻，男的在城里工作，女的住在郊区，他们只有周末才能聚到一起。有一天，男的出差，周三提前回到家里，妻子很高兴，忙着给丈夫做好吃的。

当丈夫问妻子："自己一个人在家寂寞吗？"妻子说："我才不寂寞呢，免得天天跟你吵架，你回不回来是不一样的！"丈夫吃惊地问道："到底一样，还是不一样？"

妻子笑着说："说错了，你回不回来都一样！"

妻子的口误其实就是在告诉丈夫，她在潜意识里是希望天天跟丈夫在一起。这时候最傻的莫过于相信妻子的说法，以为这真的只是一个口误，从而放过一个和她共度良宵，并使感情更上一层楼的机会。

留意他人的口误，首先要做的是分析其真实心理。如果对方内心矛盾，我们应有意识地用语言与行为去引导，令其心理倾向有利于彼此关系发展的方向上。如果我们自己经常发生口误现象，就得有意识地平衡、化解内心的矛盾，理性客观地处理事情，做生活的智者。

未受抑制的联想的干扰

　　促成口误的正面因素（未受抑制的联想之流）及其反面因素（压制力量的松弛）通常同时起作用。伴随着压制力量的松弛——或不如更明确地说，经由这一松弛——未受抑制的联想之流遂能发生作用。

　　在很多时候，口误可能是我们意识的联想之流造成的。也许在平时，我们心中原有一股意志的力量在压制着这种联想之流，它一旦松弛或低沉，口误也就容易发生了。

　　这种联想的作用，也许其表现互不相同，有时可能是还不应该出现的话预先来临，有时可能是对说过的话一再重复，有时可能把经常听到的声音插入说话中，这种种原因只是在方向上有所区别，也就是说我们联想的范围有所不同罢了，至于其根本性质，都是一样的，即受到联想的干扰。

联想的干扰可能来自于某一潜意识思想，在语误中显现出来，而我们只有通过深入分析才能把它带到我们的意识世界里来，找到真正的心理动机。

一位病人去看病，他告诉医生，他做了一个梦。一个小孩想自杀，决定用毒蛇来咬伤自己。

在梦中，他看到那位小孩被毒蛇蛟了以后在痉挛中因剧痛而扭动身体。他发现这个梦是前天的印象引发而来的。

他回忆起前天晚上听到一个因毒蛇咬伤后怎么处理的公开讲座。那位演讲者说，假如一个成年人和小孩同时被毒蛇咬伤，应该先照顾小孩。并说医治毒蛇咬伤的药方要依据毒蛇的种类来定。

这时，医生打断他的话问道："那他一定说过我们这个地区的蛇的种类，并指出哪一种是最危险的。""不错，他提到了一种响尾蛇。"医生笑了起来，这让他意识到自己说错了话。他立即说道："噢，当然响尾蛇在我们这里并不存在，我怎么忽然会记起响尾蛇呢？"

在上面的案例中，经过分析，我们不难找出这位病人出现口误的原因，就是对所做的梦的联想而导致的。

弗洛伊德说，任何联想都可以以我们不易觉察的方式发生，出现在一个不适宜的场合。对联想产生的口误研究中，我们不仅要考虑语音和言语类似性之间的关联，而且要考虑到词语联想的影响。同样一个词，比如"老虎"，对于山中的猎人来说，对于生物学家来说，对于在动物园玩耍的孩子来说，其意识的联想是大不相同的。

但仅此还不够，那种存在于意识或无意识中对某人、某事、某物的联想，也可能表现在口误上，因为这些意识或潜意识的联想也会干扰我们说话时的编码活动。

王楠自从当了中队长以来，所有的人无不对他毕恭毕敬，他的建议和想法总是顺利实施。然而，有一天，单位调来了一位新人。在开会时，这位新人却十分激烈地反驳了他的意见，这使他的心情非常沉重，他努力地克制着……

第二天，在例行的会议上，讨论着另一个由谁来担任副大队长的事，当轮到那位新人发言时，头一天开会时的那一幕情景像录像一样又出现在了王楠的眼前。

那位新人支支吾吾、不好意思地说："我想竞选中队长。"王楠说："提一提你的想法，别再捣蛋。"当大家面面相觑时，他才意识到自己讲错了话。他本想说，提一提你的想法，别不好意思。然而由于意识的联想作用，他把这位新人头一天开会时的行为（他认为是捣蛋）联想到了此时，于是出现了这样的语误。

弗洛伊德说，没有上帝的旨意，便不会有麻雀从屋顶落地。每一个口误的出现，都是有原因的。有些原因可能深藏于我们的潜意识中，没有被上升到意识层面，不被认识和理解。口误的结果本身就可以被看作是我们的思想在作祟，是一种有目的的心理活动，是一种有实在意义的表达。

我们通过对这种联想性的口误的深入分析，可以找到他人或者自己的喜爱和厌恶的情绪所在，同时也可以找到他人或自己心理上挥之不去的症结所在，或者说那些留在心中的阴影，并对症下药，实现心灵的解脱。

给压抑的心灵透个气

一个人想要有意识地抑制住某种想法却被迫以语误的形式出现，这种事是经常发生的。

口误的产生往往是两种不同的意图干扰的结果，这两种意图可能有一种意图是被压抑着的一种想法，不管这种想法是否透出了意识层面。没有透出意识层面的，我们称为潜性的压抑。而透出意识层面的，我们称为显性的压抑。

潜性的压抑我们往往不得而知，这就是我们有些口误发生而找不到理由的原因。而显性的压抑，是我们对某种想法有意识地抑制，不愿让其流露出来，但往往在我们说话的时候，这种压抑着的想法就以口误的形式表现出来了。

一次，一位女病人与弗洛伊德谈论到她的家庭时说："我对家庭中每个人的看法，有一点可以肯定：他们都很不普通，他们都很贪婪。"说到这里，她忽然意识到自己说错了话，连忙改口说："不，我是说他们都很聪明。"

在上面的例子中，通过这个口误，弗洛伊德在对女病人进行心理分析时，告诉女病人说，怀疑她对她的家庭感到不满，并有谴责其家庭成员的意思，虽然不知道具体谴责些什么。这位女病人最后坦白地说，确实在两年前，家庭成员们因为争财产而闹得不可开交，她为此而非常痛苦。

这位女病人对家庭成员的谴责一直被压抑在心中，她不想让别人知道，当然更不愿意说出来，但她的意识却完全背离了她的愿望，出现在了口误上。

弗洛伊德认为，情绪的过分压抑，会导致各种精神性病症的出现，而口误的出现正是这种压抑情绪的爆发，是对压抑情绪的释放。我们也可以这样说，口误是给心灵透气的直接表现。我们在生活的洪流中拼搏，各种情绪都会导致我们的心情的压抑。人们常说："活得真累啊！"这便是压抑的表现。而这种压抑情绪的产生往往是居于生活的压力。生活的压力是不可避免的，我们不应沉溺于压抑的泥潭而不能自拔，而应不断地调整心态和情绪，采取积极的行动来抹去心中的尘埃，让心情永远舒畅。

　　杜运富以前一直是个开朗乐观的人，人们总能看到他在楼下一边健身一边说笑的样子，快乐每天都伴随着他。可是最近他却愁眉紧锁，情绪异常低落。一天开会时，领导问他，最近工作进展得怎样了，他竟脱口而出："尽最大努力完不成。"

　　在哄笑中，他连忙改正："尽最大努力完成。"原来，领导给他的业务量很可能完不成，奖金也会飞到别人口袋里。一想到这些，近段时间他总是吃不好，睡不着，越想越着急，越着急越想不出办法，常常哀叹活得真累！

　　不可否认，他的工作压力的确不小，可是像他这样也无济于事，相反，他应该在意识到压力时及时调整心态，放松自己——让自己保持一份轻松的心情，然后再好好琢磨有什么更有效的办法能够在最短的时间内完成任务。

　　对待压抑，我们每个人每时每刻都有自己选择的权力，我们无法消除压抑的外在因素，但我们能寻找到压抑的情绪所在，并及时调整心态去减轻那烦人的压抑。

　　弗洛伊德对待精神病患者就是采取精神分析疗法——通过与病人的随意交谈与交流去发现被隐藏起来的压抑情绪，这种情绪总会以各种形式暴露出来，口误往往在这方面发挥着巨大的作用。

通过对这种压抑情绪所产生的口误中，我们可以通过分析挖掘出产生压力、产生消极情绪的症结，并有意识地去消除压抑情绪，回归真正的自我。

有的时候，因为压抑，我们戴着假面具在人生的舞台中扮演一个个角色，我们不敢表演真我，只有用假面具压抑自己，这时，我们要勇敢地摘掉面具，保持真我，用真我面对一切。

说错人名是侮辱，还是崇敬

故意念错一个人的姓名，差不多等于一种侮辱，即使看来是无意的口误，多半也不乏这种色彩……当我们在说话时，用一个名字代替另一个名字，张冠李戴，有时也意味着一种崇拜的情感。

在说话时说错人名，是一种情感的流露，要么带有侮辱的情感，要么带有钦佩、崇敬情感。在说错人名的口误中，很多时候是因为受到了某种信息的干扰，而干扰的成分来自于说话人的本身的批评或者赞赏态度，这种态度在说话时本不愿意表达出来，但却以口误的方式出现了。

这种或扬或抑的口误不是无迹可寻的，它是我们半潜抑或潜抑意识的干扰的结果。

弗洛伊德有一位同事卡贝伊尔，他对弗洛伊德的精神分析

并不感冒，并曾嘲笑他是一个十足的疯子。在一次报告中，当他刚念过"布罗伊尔"这个名字之后，把"弗洛伊德"念成了"弗洛伊德尔"，还有一次更直接地说："弗洛伊尔——布罗伊德。"

案例中的卡贝伊尔之所以每次说到"弗洛伊德"时就出现了口误，就是他对弗洛伊德的敌意造成的，是一种侮辱性质的情感流露。

说错名字的口误现象，在现实生活中时常发生。也许我们不经意就说错了一个人的名字——要么根本就没有这个名字存在，要么张冠李戴。弗洛伊德认为，对一个人的名字的歪曲，要么是要贬低某个人——这是一种普通的骂人方式，有教养的人虽然不想采用，却也不愿放弃这种做法，它往往伪装成笑话，虽然是一种很下流的笑话；要么是对一个人的钦佩、崇敬，在一不留神中就脱口而出。

在现实生活中，说错人名的现象往往属于第一类型，即对他人的不尊敬，带有侮辱的性质。第二类型的出现相对要少得多，只是在一种特殊情况下才可能出现。所以，我们现在主要来看一下第一种类型的口误。

这种口误，往往都会让我们处于尴尬的境地——个滑稽的小丑的形象，同时也会让被说错名字的人产生不愉快的心理。

中东问题安纳波利斯会议中，各国代表象征性地握手虽然吸引了全世界媒体的闪光灯，但美国总统布什的口误却大煞风景。布什在开始讲话不到1分钟的时间里，连续出现了两次把人名搞错的口误。他把以色列总理"埃胡德·奥尔默特"说成"埃胡德·乌尔姆"，而巴勒斯坦民族权力机构主席"马哈茂德·阿巴斯"在他口中变成"马莫克德·阿巴斯"。

布什的口误，使两名被念错名字的领导人非常尴尬，一直到会议结束都面无表情。

在上海还有这样的规定：婚庆公司在婚庆活动中，司仪如果将新婚夫妇、新婚夫妇的父母等主要人名说错，将由公司退还司仪款的50%。从中我们也可以看出把人名弄错并非是一桩小事，他表示对他人的一种不尊重态度。

有这样一则小故事，我们可以把它当作笑话，但却是一个真实的故事。我的两位朋友，一位叫朱明，一位叫马毅。朱明在一个广播站任科长，管理着机房。

一次马毅找朱明有事，打了一个电话说："鸡老弟，你在猪房吗？"结果被朱明大骂了一顿，从此两人的关系十分恶化。马毅每天也忧心忡忡，他总是问自己，为什么很好的朋友关系，会因为一句话而瞬间破裂呢？当马毅跟我谈起这件事，我说，你也太过分了，开这样的玩笑。他说，我并不想开玩笑，我也不知道当时为什么会说出那样的话。

出现这个口误的原因我不得而知，但对彼此造成的伤害却是巨大的。因此在生活中我们要尽量避免说错人名，以免引起不必要的误会，让自己背上沉重的心理包袱。

对内心秘密的泄露

笔误的产生往往是人们内心想法不经化装的表达，然而这些在醒觉意识状态下却只能以另一种改装后的面目出现。

笔误的产生往往是有情感背景的。因为我们在写东西的时候总会掺杂着各种各样的情感，或悲或喜，或怒或惊，或恨或爱……这些情感都是发自于我们的内心深处，有些还是我们内心中的秘密，不想让人知道，或者还没有上升到意识层面，自己原本并不知道。

但是，这种情感往往会以笔误的形式宣泄出来，内心的情感在笔误中就暴露无迹了，他人一眼就能察觉到。

这是一个杀人犯阿波希尔的故事，阿波希尔曾从事过贩毒，赚了一大笔钱，后来，洗手不干，做起了正当生意。

但他心里每天总是担惊受怕，害怕身边亲密的人把贩毒的事泄露出去。他想，只有让身边知道此事的人全部死掉才能保守住这个秘密，于是他开始了他的杀人计划。

但有什么方法能杀人于无形而又不露痕迹呢？一次，当他看到科研究所发布的一篇《病菌的研究及危险性》的文章时，心中升起了用病菌杀人的方法。于是他通过病菌专家从科研所找到了培养极危险病菌的方法。

有一次，他写信向该研究所的所长抱怨他们寄来的培养菌太无效力，没想到出现了笔误，把"在我对老鼠和豚鼠的实验中"误写成"在我对人类进行实验中"。

研究所的医生们对这一笔误深感惊奇，但也没有细究。

几起案发后，经过侦察，阿波希尔最终落入了法网。

当研究所的人知道了用病菌杀人的事实之后，才想到了他那次笔误的事。

阿波希尔把"在我对老鼠和豚鼠的实验中"误写成"在我对人类进行实验中"，其实这就是他内心秘密的泄露——以病菌杀人的想法的流露。从他的笔误中暴露出其杀人的动机和目的。但研究所的人因对笔误的不在意，结果酿成了大祸。

弗洛伊德认为，常见的微小笔误，包括词的凝缩和前词影响后词(特别是最后的词)，同样表明书写者不喜欢写字和缺乏耐心写字。更为显著的笔误可以泄露出人的内心秘密，因为我们写东西时都是在一定的情感背景中，这种情感背景很容易触发到自己内心的秘密，或者说一些自私意图。

一位刚上大专的年轻女孩，由于受到了她姑姑的小儿子（年仅5岁半）的性骚扰，不知该怎么办，于是写信求助心理专家。

她在信中写道："我被一个难题困扰了好几个月，或者说是十来年了，我一想到它，便对生活失去了信心。

"我是今年考上一所专科学校的，学校离我姑姑家不远，我便常去。姑姑的小儿子——5岁半，没想到却是个小色狼，请允许我这么说，我实在找不到其他词了。

那天，我和他玩着玩着便睡着了，突然觉得身上沉沉的，并且有一双手在解我的内衣……

"那以后我很少去姑姑家，我不愿看见姑姑的儿子，心里很害怕，担心他长大后是一个流氓。我想对姑姑讲，好帮助他从小改好，但又羞于启齿，担心他们不相信。就这样我在矛盾中斗争着。

"上个星期天，姑姑的儿子住到我们家。我知道他的恶劣行径，便尽量躲着他，可是他却偏偏要和我们姐妹两人睡在一起，而不和疼爱他、与他一起玩的哥哥睡。

"我知道他不怀好意，便对母亲说我们床上太挤，不让他睡过来。我甚至威胁他，但丝毫不起作用，母亲以为他是小孩子撒娇便允许了他。我故意不挨着他睡，并且熄灯后才脱衣服。清晨，当我睡得正熟，突然觉得脚很冷，被子似乎被掀了起来，我知道是他，但又怕我叫出声来吓坏了他。屋子里一片漆黑，我觉得他慢慢钻进了我的被窝，喘着粗气。他在扒我的内裤，我紧紧用腿压住，好在他力气小。他见不成功，便慢慢向上爬，脸挨着我的脸，开始亲吻我的嘴唇，一会儿又摸我的内衣挂钩，摸了半天没有找到，便把我的乳罩翻了上去，摸我的乳房，用嘴吮吸着……

"我可以不去姑家，但躲不是办法，我不能躲一辈子。我该怎样去教育我这个小表弟呢？这事说给大人们，他们会相信吗？……"

在这封信中，刚开始就出了一个笔误："十来年了，我一想到它便对生活失去信心"。明明是发生不久的事情，何以会困扰她十几年了呢？后来她又说道"不能躲一辈子"，事实上根本不存在"躲一辈子"的问题。这两次笔误正好暴露了她自己被性问题所扰的漫长心路历程，这是她内心不愿透露的秘密。这也正是弗洛伊德所说的，任何笔误都是我们潜意识的流露。

其实，女孩子要回避表弟的性干扰是很容易的，她只需拒绝或推开他就行了。

但是，她竟然自始至终什么也没有做，只是闭着眼睛装睡，任由男孩子为所欲为。

仅仅用"吓坏了"来解释这一切是行不通的，显然，女孩子自己的性意识与性欲求在其中起了很重要的作用。

我们不难推想，女孩子今天对性的种种表现很可能与其早年的经历有关。少年，甚至童年或幼年，因为某件事情将强烈的性罪恶感加在她的心里，使其进入对性的回避与逃避状态，然而，正常的性欲求与性意识仅仅是被压迫到潜伏状态了，小表弟偶然的过分行为强烈地刺激了她，将潜伏的欲求激活了。但是，社会的禁忌已经根深蒂固了，自我与外界在她的内心展开激烈的斗争，找不到结果与出路，于是"对生活失去信心"。

在生活中，只要我们处处做一个有心人，多留意一下人们写东西时的笔误，便可以在不知不觉中洞悉他人的内心世界，发现其内心隐藏着的秘密，这对我们的社会交往大有裨益。

一种内心期待的反映

笔误有时是内心期待的干扰思绪导致的结果，或者说，它是一种内心期待的反映。

笔误与口误一样，在绝大数情况下都是可以找到原因的，它是受我们的干扰情绪的影响而导致的。而在这些干扰情绪中，内心期待做某件事，或者希望出现某个现象的愿望时，在写东西的时候，就出现在笔误中。一个人的内心期待动向，即心之所想，就会不经意地出现在笔误上，这是每个人无法隐瞒的事实。

9月中旬，弗洛伊德刚度假回来，心情十分畅快，他哼着小调，踏着轻快的步子走进了办公室——他已为今后大量的工作做好了充分的心理准备。

走进办公室，他看了几封信，其中有一封信是病人写给他的，在信中，这位病人说，他将于10月20日前来就诊。

在接下来的几天里，来诊所的病人寥寥无几。弗洛伊德无精打采地写着当天的业务摘要——日志。在日期那一栏里，他写着："10月20日，星期四。"而那天正是9月19日。

几天后，弗洛伊德翻开了记事本，很惊讶地发现了这一笔误。

弗洛伊德对他的这一笔误解释说，这一个日期后移的错误，是自己内心的一种期待的反映。在写日志的时候，自己心里一定在想：前几天来信的那位病人为什么不能早点来？浪费了一个月的时间多可惜。于是顺着这个思路，就把现在的日期往后推了一个月。

弗洛伊德认为，一个人的内心期待会影响他的认知。美国俄勒冈大学的神经学家迈克尔·博斯内也曾说："对事物的认知可以被人的内心期望操纵，这种观点一直是人类认知学的基础。"

既然我们对事物的认知受我们的期望影响，那么一些过失行为就不难理解了，它是我们对事物的认知的结果。

年终了，各种评选项活动开始了，万源市政府也不例外。一年一度的优秀干部评选活动正在紧张而又有序地筹备之中。

各部门经过酝酿，都提出了优秀干部名单，并写成了书面材料上报给了市政府。

市委的秘书员在整理材料时，竟然把公安局的局长的名字写成了自己的名字。在开会时，他也按材料照本宣科地念了起来，当他念出了自己的名字时全场愕然，使他自己也十分尴尬。

毋庸置疑，这位秘书员是多么地希望自己能够像公安局局长那样成为优秀干部。从弗洛伊德的心理分析来看，这是典型的内心期望被认知扭曲的例子。

人是很容易被所期望的事所影响而看不见真相，如果我们缺乏强烈的自我反省与理性检验，人生就会寸步难行！

江本山和黄一伍是很要好的朋友。黄一伍经营着一个鱼塘，效益还不错。江本山则从事着排污工作，生活拮据，总希望能得到黄一伍的资助，自己也能当个老板。

黄一伍的鱼塘由于污垢很多，于是请来了江本山为鱼塘排污。他们讲好了排污费为1.5万元，对于江本山来说，这可是难得的一笔大财！

经过几个月的努力，排污终于完成。黄一伍如约向江本山支付了1.5万元，并要求江本山写个收条。江本山认为朋友之间不必那么麻烦，抱着无所谓的态度。

在黄一伍的再三要求，江本山写下了字条。但他万没有想到，他把收条写成了借条。

后来，两人关系恶化。黄一伍把江本山告上了法庭，说他借了自己1.5万元，两年多了至今未还。江本山此时还感到很纳闷，这不是空穴来风吗，他有证据吗？

当法庭向他出示了他自己写的借条的时候，他才想起两年前的那件事。他把真相告诉了法官，他说那纯属笔误，要求法官秉公处理。法官要他出示笔误的证据，但他却无法找到证据。江本山真是有口难辩！

江本山由于受内心期望（期望得到黄一伍的资助）的影响，把收条误写成了借条，结果给自己造成极大的经济损失和心理伤害。

在人与人的交往中，我们要吸取江本山的教训，别让内心不现实的期望情感影响我们的认知，做出让人遗恨终身的事。所以，对于我们内心期望的情感要理性地去看待。

某种危险隐意的表达

如果透彻地分析能够揭示更强的干扰因素，由情绪引起的浓缩行为——过失行为，就容易理解了。在笔误的过失行为中，有一些表达是的危险的隐意。

人的内心往往都存在着自私、自负、嫉妒等卑劣情操，这是人性所决定的。

但理智的人能够控制这些卑劣情操，不被其俘虏。这种根植于内心的卑劣情操，一旦打开了感情的闸门，就会出现在笔误中。它是与我们的思想相随的表达功能由于受人性的影响而出现的。

对于人们这种口误发生条件的观察中，我们不能对此置之不理，因为它可能成为我们对某个人的人性研究的起点，是我们洞察人性的武器。

黄女士结婚十多年来，一直住在一间面积不足20平方米，拥挤不堪的小屋里。这使她对那些拥有宽敞住房的人产生了一种难以言状的嫉妒心理。

最近，她的妹妹买了新房，豪华装修之后迁入了新居。黄女士本来准备亲自去恭贺妹妹的乔迁之喜，但由于工作关系脱不开身，只有写信恭贺了。

她写好了信，拿给丈夫说："你明天出去的时候，把这封信寄出去。"她丈夫拿着信看了看，发现妻子竟把她妹妹的地址写错了。这个地址也并不是她妹妹迁居前的地址，而是很久以前她妹妹刚结婚时所住的地方的地址。

丈夫指出了她这个错误。

黄女士之所以出现这样的笔误是因为她嫉妒她的妹妹拥有那样豪华宽敞的住房，而自己不得不局限在这样拥挤不堪的地方。所以她把她妹妹放回了她的第一所房子里。那里的情形，和自己现在住的这个地方差不多。

人有时候就是这样，总是摆脱不了一些卑劣的情操。

由上面的例子不难看出，人的一些卑劣情操一旦达到了某种程度，主导了人的善良情感，就会出现很多过失行为，诸如在写信时、写报告时就会出现笔误现象。按照弗洛伊德的观点，每一次过失行为的出现，都是系列化心理过程的一种，是人的内心世界的一种展现，是人性的表现。

我们知道，人都难免会有卑劣情操的存在，但有的人能够用理智去抑制它，让其不不阻碍自己的成功。但有的人，却深陷其中，不能自拔，最终走向彻底的失败。罗曼·罗兰曾说："英雄并不是没有卑劣的情操，只不过英雄能控制住卑劣的情操而已。"

就拿嫉妒心来说，在芸芸众生中，总有一些技不如人，但却对别人的成绩嗤之以鼻的人，"妒人之能，幸人之失"，从而上演了一场场丑陋的嫉妒闹剧。

嫉妒的心理是一种难以启齿的内心情绪的反应，它常常以多种形式表现出来，如在笔误中表达出的疑惧、怨恨、失望等等。

在现实生活中，那些不能理性克制自己的嫉妒心的人，总是对别人的才华、造诣、名誉、地位感到不舒服，耿耿于怀，丢不下，放不开，甚至对别人的美丽容貌、苗条身材、高雅气度、圆润的歌声、潇洒的舞姿以及和睦的人际关系等都会感到一种莫名的怨恨，使自己终日受到烦恼和痛苦的折磨。

"同类相比"的行为是人类的大性之一。当自己比别人弱时，正确地自我提示，会使自己找出差距，提高向别人学习的积极性；而错误的自我提示，则会导致灰心丧气或诱发出强烈的嫉妒心理，引起别人的反感，造成自己的心理负担。

有一只老鹰常常嫉妒别的老鹰飞得比它好，有一天，它看到了一个带着弓箭的人，便对他说："我希望你帮我把在天空飞的老鹰射下来。"

猎人说："你若提供一些羽毛，我就能把它们射下来。"这只老鹰于是从自己身上拔了几根羽毛给猎人，但猎人却没有射中其他的老鹰。于是它一次又一次地提供身上的羽毛给猎人，直到身上的大部分羽毛都拔光了。

没有了羽毛，它不能飞行了。猎人转身抓住了它，并把它杀了。

一个人如果不能理性地看待并控制自己的卑劣情操，就会扭曲心志，既伤害别人，更重要的是伤害了自己。正如弗洛伊德所说："一切不利的影响中，最能使人短命夭亡的是不好的情绪和恶劣的心境，如忧虑和嫉妒。"

因此，对待我们人性中的一些卑劣情操，要想泯灭它，我们就要不断陶冶自己的情操，修炼自己的灵魂，从而达到提升自身境界的目的。

感觉刺激替代的产物

在误读的心理情景中，有两个相互冲突的目的有一个被感觉刺激所代替，所以可能较欠抵抗力。

我们所读的材料不同于我们所写的东西，它并不是自己心理生活的产物，因此，误读往往以整词替代的形式出现。在很多情况下，误读都是因为读者事先有了思想准备，才改变了阅读的内容，加入了他预先的设想或者一直占据在其头脑中的观念。

也就是说，我们关心和感兴趣的事情都会替代我们那些陌生、不感兴趣的事情。比如，在逛商场时，尿急了，就很容易把商场的广告牌看成"厕所"的字样。

这种误读书现象的发生就是我们的想法、思想干扰知觉所造成的。

这是弗洛伊德自己的故事。一次，当他悠闲地坐在咖啡厅，随手翻看《莱比锡画报》时，在一幅图片下面看到了一个标题《在奥德赛举行的婚礼》。

这让他大吃了一惊，但还是有点疑惑，于是他连忙把画报拿正，仔细一看，原来那上面清晰地写着《在奥斯奇举行的婚礼》。怎么会出现这样无聊的误读呢？

后来，弗洛伊德分析说，当时他的思绪可能转到了鲁斯的一本书《音乐幻想的实验研究》上。这本书他最近很关注的物，因为它触及到了自己很感兴趣的心理学问题。此书的作者还预告说，他不久将再出版一本题为《睡梦现象的原理和分析》的书。而自己则刚刚出版了《梦的解析》一书。所以，可想而知，他是多么热切地盼望这本书的问世呀！

在《音乐幻想的实验研究》的前言中，他读到了一则推理，证明古希腊的神话传说主要源于睡梦的聆听音乐时的幻想，来源人们的梦幻与痴迷，读了这段高论，他想知道作者是否也同意，奥德赛现身于玛茜加公主面前的那一幕是不是源于人们常做的裸体梦。

在这个例子中，弗洛伊德说，很显然，他的误读是因为他一直在思索着关于奥德赛的问题，这个问题影响了他的思绪，刺激着他的感觉。这样的误读很明显是感觉的刺激物。

人的感觉往往与敏锐联系在一起，是一种非理性的直觉方式。人的感觉是我们对人生经验、情感经验、社会经验、生活经验、阅读经验等各种经验集合起来之后浮动在一般理性层次、经验层次上的一种情绪、灵气和悟性。

一个人如果缺少人生经验，那么感觉就不会有什么价值，甚至不可能存在。

正是每个人都有自己的经验，于是就会有各种感觉的存在，它构成阅读的基础，但同时也可能在感觉的影响下出现误读。正如弗洛伊德所说，人的自身情感会干扰我们的意图，它日复一日地发生在我们的身上。

一个小孩放学回家，在路上看到一个小摊子在卖小乌龟，旁边还竖了块小牌子来招揽生意。只听只他对着小黑板念道："巴西小彩电！"但那上面明明写的是"巴西小彩龟"。

这位小孩的误读，可能就是经常看家里的彩电的感觉的刺激影响了他的正常阅读。

还有一些误读现象的发生，是我们在阅读时读出了自己的生活经验和感情体验，而以自身的丰富的联想力补充了作者表达内涵。可以说,这种误读是难以避免，也是合情合理的，但是它应该出现在率性而为的状态之下，而不是出于无知或有知的偏见。

上课铃响了，语文老师走进了课堂。昨天刚讲了《愚公移山》的故事，他要一位学生朗读一下这篇文章。那位学生拿着书站起来开始念道"愚公搬家"，结果引来了一阵轰笑。

这位学生的误读并不是可以一笑了之的事，它的产生是有原因的。他可能是由于受到生活经验的影响，认为愚公移山是很愚蠢的事，费那么大的劲移山，还不如搬家了事。

我们可以把这样的误读叫"悟读"。即从阅读中悟出自己的想法，悟出了适于自我的人生哲理、永恒意义。

内心对某信息的否定

假如我们所读的材料是我们所不喜欢读的东西，那么分析研究将使我们相信，每一个改动都起因于一种想要拒绝所读之物的强烈愿望。

当我们在读某种信息的时候，总是带着情感在阅读。当我们读到不喜欢的信息时，我们的内心就会产生抗拒，产生对我们所阅读的某信息的否定，于是就会出现误读。在这种误读中起重要作用的因素有可能是两种情绪——喜爱与厌恶，它们之间的冲突或者是两种之一被压制，进而产生误读以作补偿。但并非所有与此对立的东西都会出现在笔误中。

布诺伊斯是一位著名的心理学家，他曾经发表过一部重要著作《情感、暗示性与妄想狂》。

他讲述了自己一个亲身的经历。一次当我正在看书的时候，看到了"血球"两个字的时候，他忽然觉得再往下看就会有自己的名字了。为什么会出现这种现象呢？

最后他努力去寻找原因。他曾经分析过上千种误读的例子，它们有时发生在视野的中心，有时就只发生在其边缘。但是没有一次像这次这样离奇。因为一般来说，能使你看错的字，必定和原来的字有着相当接近的地方。比如，当一个人把一个字误看成自己的名字的时候，这个字多半与自己的名字十分的相似，而且读错的字与自己名字发音相近。而这一次的情形："血球"和他的名字"布诺伊斯"有天壤之别，一点相似的地方都没有。

后来他经过仔细分析，认为这个错觉，其产生的原因并不难解释：即自己所读的这篇文章主要是批评科学性作品中的拙劣笔调，在这方面他认为自己是不能感到轻松的，所以不免越读越心惊，觉得马上就要提到自己，拿自己的文章作为例子来说明了，于是就出现了这样的误读。

人都是处在一定的职业和环境中，对事物的认识也各不相同。由于人们的认识的不同，对某种信息的处理就不一样，当一个人对某种信息否定时，就会不经意地出现误读。

就如弗洛伊德所说，在原文推动误读产生的情况发生得比较多。因为原文之中包含了一些内容，这些内容激起了读者对那些使他们担心的信息或诋毁的防御。为了能够否定这些信息，或者是为了能够实现某种愿望，读者就将原文以误读的方式修改了。在这种情况下，我们不得不假定：尽管在首次阅读时，读者并没有获得任何信息，但在修改原文前，他们已经很好地理解了其内容，并做出了自己的判断。

一位先生准备去买一台笔记本电脑。走进电脑城，琳琅满目的商品使他不知道买哪个品牌好。走着走着，他忽然看到了一则广告："正宗日本鬼子，价廉物美，只需8999元。"他忽然感觉不对，仔细一看，原来上面写的是："正宗日本货……"

事后这位先生说，自己之所以把"日本货"看成"日本鬼子"，源自于自己对日本人的反感情绪。他说，很小的时候，他的爷爷就给他讲过日本鬼子的暴行。

正好前几天，一位朋友对他说，前年买了一个日本出产的数码相机，很不好用且经常出问题，已经修过几次。这种情绪的掺杂，于是就否定了日本货的价廉物美，出现了这样的误读。

无独有偶，有一位电子产品制造商，在阅读信产部发布的《电子信息产品污染控制办法》时，把"含有害金属的电器产品对消费者有害"看成了"含有害金属的电器对消费者无害"。

由于他生产电子产品，他对"含有害金属的电器产品对消费者有害"这一信息执有否定态度，于是就出现了这样的误读。

从对信息的否定所产生的误读现象中，我们可以窥视出读者的一些心理状态，因此在写文章、做广告宣传时要多了解读者的感受，尽量避免引起读者对"信息的否定"。比如在广告宣传中，我们首先要了解消费者所处的语境，否则就会产生误读，更有甚至会引起来消费者的指责。

从娃哈哈的"爽歪歪"到肯德基的广告的"激励篇"，就曾被消费者误读并受到抨击。一向谨慎的娃哈哈，本想用一则"爽歪歪"的广告来延伸以前的"甜甜的，酸酸的……"的思路，却没想到一则"爽歪歪"的产品广告却引来了天下人的指责。此广告之所以受指责就是因为"爽歪歪"一词在闽南的方言中是男欢女爱的快感，娃哈哈却用此词来作为广告词，并且用一群小孩子的口说出来。可想而知，人们会是什么样的感受——因反感而对信息的否定。

另外，从自己对信息产生的误读中，也可以发现自己是否能接受某种信息以及自身对这种信息的看法。这对我们筛选信息是有害而无利的，我们要正确对待某一信息，不能因为情感的否定而失去好的信息源。

负面情感意图的阻止

　　人们对某一日常计划的遗忘，很可能由于一种负面的情感，阻止了某个具体意图的实现所致。

　　任何一种遗忘的发生都是有动机的。而这个动机，就是可能使自己觉得痛苦和尴尬的想法、冲动或不愉快的经历，这是人们的一种强烈情绪的反映。遗忘一件日常计划，就是为摒弃我们意向中的种种不情愿，这种意向往往会把我们自己伪装起来，于是一种侥幸或偶然的遗忘就出现了。

　　一位先生正在上班，其女友打来了电话说，很想见他。这位先生想，好久没有见面了，是应该见一面了。于是他们约好了下班后见面的时间和地点。

　　下班后，这位先生却把约会的事忘得一干二净，竟然走回了家。

女友等了一个多小时，还不见男友的踪影。于是她拨通了男友的电话，很生气地问道："怎么回事？"男友这才想起约会的事，连忙撒谎说："有一件很重要的事，脱不开身。"女友显然生气了，毫不留情地说："为什么一年前你不是这样？从前你工作照样很忙，事儿也不比现在少，却每次都如约而至呢？"

案例中的这位男友忘记了约会，不管他是有意的推托还是偶然忘记，其中一定含有不情愿的成分，而且后者的严重程度明显大于前者，因为忘记与女友的约会，差不多就等于在他的心中已经没有她了。

当然，还可能是其他的负面情感因素的影响使他忘记了这次约会。比如，约会的地点和时间。他有可能是为了回避约会的地点，这个地方可能会引起他的痛苦的回忆；他也可能对约会的时间不满，从而导致了对约会的遗忘。

在日常生活中，我们常常会把某一件已经计划好了要去做的事给遗忘了。比如忘记了工作计划安排，与某人的会面，给父母过生日。为什么会产生这种的情况呢？正如弗洛伊德所说，这是因为我们的一些负面情感的阻止造成的。

人的情感是各不相同，造成遗忘的情感因素因此也可能各有不同，这要从自身去寻找原因，但遗忘的动机总是存在于我们意识或者潜意识之中。

王刚到了谈婚姻论嫁的年龄，他追求着一位女孩。但他却始终找不到恋人之间的那种应有的亲密感觉。每当他与女友亲密接触的时候，他就会感到有一种莫明的敌意和恐惧。他总觉得女友会害他。

在家人与女友的再三催促下，他们准备结婚。结婚前拍的婚纱照必不可少。

两人约定了时间和地点。然而到了那一天，王刚却神使鬼差去了很远的地方拜访一位朋友。他把拍婚纱照的事忘得干干净净。

结婚一年后，由于他的冷漠，妻子无法忍受，他们的婚姻走向了死亡——离婚了。

经过反思，他认为自己肯定有心理问题，于是就去求助心理医生。在医生的帮助下他回忆起童年时代的那可怕的经历：

"我出生在一个贫困的家庭。我的父亲在铁路局工作，流动性很大。孤独在家的母亲得到了一位父亲的朋友的帮助，两人之间产生了感情。为此，我的父母经常吵架。我依稀地记得，在我4岁时，父亲与母亲发生了激烈的争吵。争吵的问题就在于我的身世。我的父亲质问母亲："这个孩子到底是谁的？"父母吵架的气氛让我感到非常恐惧。

那天，吵架之后，我的父亲一气之下离开了家。我的母亲看到惊吓得躺在墙角的我，对那段不该发生的感情感到深深的后悔。

我母亲看到躺在墙角的我，眼中含着泪水，然后慢慢地俯下身来，伸出双手想掐我的脖子，我感到了极大的危险。万分恐惧的我，出于本能的一笑。那一刻，我的一笑唤醒了她的母爱。她紧紧地搂着我。而我，好存活了下来。"

在心理医生的启发下，他也渐渐地明白了，为什么自己对女性总是有一种说不出的恐惧。这正是童年时代的那次伤害，在自己潜意识里留下的痕迹。也正是潜意识里的对女性恐惧的心理原因，使他在婚姻前忘记了去拍婚纱照的事，也表明了他害怕结婚，害怕受到伤害的心理动机。

人们往往对一些事情的遗忘采取掉以轻心的态度，认为对遗忘现象的深究不会有什么确切意义。但是，弗洛伊德认为，如果我们把某些遗忘看成是一种预兆，那么从这些预兆中，我们即可认定某个严重事件即将发生。一次遗忘就是给我们的一个信号，从遗忘的信号中我们可以读出我们的情感变化和心理趋向。

　　通过对遗忘的深入分析和研究，我们就能防患于未然，避免诸多不必要的麻烦，特别是我们的情感上的麻烦。

回避不愉快的感触

　　遗忘(未能实施)一件事，表明在它的背后我们有一种相反意愿在抵制。

　　那些被遗忘的名词，都和自身有某种关联，而且都会引起强烈而又不愉快的感触。

　　经验表明，要是某个人有意无意地经常忘记某个人或物名之类的专有名词，那么我们便可揣测他必定对此人没有好感或对此物不喜欢。

　　这种遗忘我们可以说成是意向的遗忘。干扰意向的情绪在一般情况下是一种反抗的意向，一种不情愿的态度。这种意向直接或间接地排斥着某个人或某一物。

　　这是一种动机性的遗忘，是由于人为的记忆障碍，下意识地把一些不愉快的感触不知不觉遗忘了，只有在某些特殊的情况下，那些被遗忘东西才会重新被回忆起来。

黄先生和李先生在生意上一直有着密切的合作，多年来生意上的交往，使两人成为了很要好的朋友。

最近，黄先生对一位非常漂亮高雅的女孩心生羡慕和喜爱，几经交往，堕入了情网。他对这位女孩极尽殷勤之能，想博得好感，但那位女孩却芳心不为其所动。

凑巧，李先生前来与黄先生洽谈生意，无意之中与那位女孩结识了。两人结识之后，彼此都产生了好感。相互的倾羡最终使他们成为情侣。

自那以后，黄先生明显地疏远了李先生，并屡屡忘记他的名字。有一次因生意上的业务关系，准备写信给李先生，但却怎么也记不起他的名字，他只好询问别人。害得别人还笑话他说这么多年的交往，你还记不起他的名字？

李先生出现这样的情况，原因是不言而喻的，就是李先生企图将那位幸运的情敌完全忘掉——"永远不要再想到他"。

对于名字的遗忘，可分为两类：一类是名字本身与某些痛苦的事有关联；另一类是名字和别的名字有关联，而别的又与某些痛苦的事相关联。这样，名字可因其本身的缘故，也可因与其有远近关联的事而被遗忘。

布达佩斯说："今天我与家人在一块儿闲聊，话题说到了意大利北部的一些城市。我的太太说，那些城市仍保留着奥地利旧有的痕迹。忽然我想到了一个城市，但怎么也想不起它的名字。"

布达佩斯事后分析，找到了他导致他的这样遗忘的原因，那就是当时造访的昔日女仆使他忘掉了那个城市的名字。这位女仆叫维罗妮卡（Veronika），她的名字与维罗拉（Verona）非常相似。他十分憎恨她，因为她那可恶的相貌，尖锐粗哑的嗓音以及令人无法忍受的自作聪明，还有她什么事都喜欢自作主张，认为自己干久了就有权了一样。同时，她对待孩子的专横也令他无法忍受，这些原因直接导致了他对那个城市的遗忘。

人总是生活在两种不同的现实中，一种内心现实，一种是客观现实。客观现实是实实在在存在的，是看得见，摸得着的。内心现实却是含混、模糊和不确定的。

比如一张桌子摆在那儿，谁都可以用手摸摸，在上面写写画画，可是这张桌子在人的内心所引发的感受却各不相同，离开桌子后给人内心的印象也会因人而异。

书桌是客观现实的，我们对书桌的感知却是内心。

　　人们的遗忘现象就是这种内心现实的表现，它往往又表现出对内心不愉快的感触的回避，正如弗洛伊德所说，遗忘就是对不愉快或者痛苦的事产生了转移，这种转移不是随心所欲的心理选择，而是遵循一定的法则的结果。

　　弗洛伊德认为，当一个人在遗忘某一名词时，往往会伴随着错误的忆起——脑海中浮现出错误的代名词。比如我们在想不起一个地名、一个人名时，往往会用另一地名或人名来代替。而替代的名字和我们的遗忘的名字之间必然存在着这样那样的联系，它依附在我们内心情感之中。

　　人的内心世界和行为常常会产生不一致的现象。因为我们的行为一般都服从于现实规则，而思想却是自由的、无拘无束的，有时甚至喜欢偏激和走极端。比如，渴望权势的人，往往表现出有意无意地对领导的巴结讨好；内心懦弱的人，往往要装出一幅让人害怕的样子。

　　行为和思想的不一致，就会导致我们的过失行为的发生。在遗忘中出现的错误的代替，就是在基于这种情况下产生。

　　虽然人的意识里都存在着对不愉快的事的回避，说得确切一点就是逃避。但如果我们总是逃避不愉快的事那也不是办法，它会给我们带来心理上的障碍。人生之路上，有喜有悲、有爱有恨……有人说，人生是由酸甜苦辣麻组成的大杂烩。

当我们遇到不愉快的事，不如意的时候，我们只有正视它，勇敢地面对它，这样我们才能走出自我的藩篱，还自我一个健康的身心。

潜意识的不乐意

　　遗忘的动机存在于人的潜意识中。在潜意识中的动机与意识层面的动机相互冲突，就很容易导致对潜意识意愿不情愿的事情的遗忘。

　　这类遗忘，最通常的例子如忘记还书、忘记还债等等。这类遗忘是因为在我们的潜意识里存在不情愿的意图。虽然有些人会否认这种意图，但影响人的行为和思想的并非全部来源于意识，还可能来源于潜意识。潜意识的东西不一定被人意识到。这也是与行为意向相反的"反意志"的存在。人的反意向（不乐意做某件事）与意向（应该做某件事）互不相容，相互斗争着，最终反意向战胜了意向，从而导致了遗忘。

　　在姐夫的盛情邀请之下，一位女士与那她的姐夫准备一同

游玩罗马五天。她的姐夫是一位著名的艺术家。

刚到罗马，由于她姐夫的鼎鼎大名，使他们受到罗巴德国团队的热烈欢迎和热情款待。对他们的游玩也提供了极大的方便。这使得他们很愉快地游玩了五天。

在临走时，罗马团队给她的姐夫送了很多礼物，其中有一枚很精致的古金质奖章，她对这枚古金质奖章非常喜爱。但她发现，他的姐夫对这个赠品并不满意。

他曾向她说道："他们怎么送这样的东西给我。"

当她回国之后，打开行礼包却发现那枚古金质奖章在她的包里，并用手帕包得好好的。

"这是怎么一回事？"她不禁自问道。她怎么也想不起那枚古金质奖章是怎么装进了她的包里被带回来了。

她立即写信告之姐夫，那枚古金质奖章在她这里，并说，次日将归还她所误取的奖章。

可是第二天，她却把此事忘记得一干二净。又过了几天，在与她姐姐的通话中（她的姐不知是有意还是无意提起），才想起还没有回归他姐夫的东西。

　　放下电话，她连忙去找那枚古奖章，准备即刻寄出。但她发现自己怎么也找不到那枚古奖章，好像忽然遗失了一样。

　　这个故事中，那位女士的遗忘以及后来的遗失，是她潜意识里对枚古金质奖章的喜欢而不乐意归回造成的，她是想把这个物品据为己有。

　　在日常生活中，很多遗忘都是一种不情愿的心理动机造成的。就如弗洛伊所说，这种遗忘是受我们的潜意识的影响和控制所导致的。

　　就拿我自己来说，我常向别人借一些书，别人只要没人催着要，可能一年半载都不会还，有些借的书，放在家里好几年了，平时也没怎么看，不知为什么总没有还？当与借我书的见面时，要么不提起，一旦提起，我常会这样说："我怎么忘了这件事？"

　　以前我并没有仔细想过为什么会导致这种似遗忘又非遗忘的现象的发生。自从我研究弗洛伊德的心理学后我才发现，其实在我的潜意识里有这样一种目的和动机的存在：即书放在我这里，要找点资料不是更方便吗？虽说我现在没有看它，指不定哪天就会派上用场。

　　这就是人性，即受意识和潜意识的双重支配。所以从一个人所表现出来的行为和思想并不一定是真正的自我。

我曾带着这个问题问过我周围的许多朋友："你了解自己吗？"

在绝大多数情况下会得到这样的答复。他（她）先是一愣，然后哈哈大笑说："我不了解自己，难道你比我更了解我自己吗？"在这里我不急于反驳这种观点，还是让我们先来看一个故事。

印度神话中有一个双面人的故事，有一个主管白天和黑夜的神，他有两个脑袋，当其中一个名为"白天"的脑袋睡觉的时候，大地就是黑夜；而当另一个名为"黑夜"的脑袋睡觉的时候，大地就是白天。两个脑袋是背靠背地长在一起的。

谁都看不见对方，甚至在它们的心中都不知道对方的存在，然而，彼此又都是对方的一部分。

从某种意义上讲，我们都是这样的双面人，我们所熟悉的那个自己，都仅仅是我们的一面。在我们的背后，还有另外一个自己，虽然我们很少能够感觉到他的存在，但他却对我们行为和思想产生影响。

因此，我们只有挖掘出人的双面性，才能认识真正的自我，认识了自我，你才能成为智者。

逃避真实的心理动机

心理，是相互对抗的目的的竞争和决斗的场所。一个特殊的目的的存在并不排除相反目的的存在；两种对立的目的是可以并存的。这种对立的目的就可能导致对经验教训的清晰记忆或无故遗忘。

有些遗忘看起好像是异乎寻常、不合理的遗忘，如忘记新近的、最重要的印象，忘记某一件记得很清楚的事情中的一段，或者忘记了自己的一些重要经验或者忘记了使人痛苦的经历（本应是难以怀的事），比如对侮辱或羞辱的回忆。对这种事情的遗忘不能简单地解释为是为了避免不愉快的刺激而导致的，它是由逃避现实的心理动机而导致的。

遗忘经历比其他遗忘——如遗忘专有名词、遗忘约会等，更能有效地证明在我们的记忆中的一种排除压抑情感的意图在起着作用。

一位年过六旬的老翁，懵懂之中便娶了一位年轻姑娘。

结婚后，他们决定去蜜月旅行。在出发前的头一天，他们为了方便赶车，就从家里出发，前往镇上的一家旅馆住宿当他们来到旅馆里登记的时候，老翁发现自上没带钱包——身无分文。它的钱包里放着此次旅行的全部费用，是丢了？还是忘了带？

他连忙打电话叫家里的仆人找。仆人翻箱倒柜，四处寻找，最后终于在那位老翁的结婚礼服中找到了钱包。他火急火燎地送了过去。

从案例中我们不难看出，那位老翁对此次结婚并非心甘情愿，同时在潜意识中也不愿意出去度蜜月，害怕花钱，或者觉得没有意义。他对钱包的遗忘，正是对这种真实心理的逃避。

弗洛伊德认为，人们的很多遗忘是为逃避真实的心理动机，它是内心真实想法的表现。有很多人之所以对痛苦经历产生遗忘，就是因为在人的潜意识里有逃避对某一经历的回忆，它是一种有意识的遗忘——不愿意回忆起的痛苦经历。

我们的生命的历程就像一粒种子从发芽到长成一样，会饱经风霜。我们在成长的过程中，经常会遇到各种各样的伤害。

而对于那些过于"残忍"的伤害，我们宁愿把它忘记，也不愿意再次面对它。就是在这样的心理动机的指引下，导致我们对痛苦经历的遗忘。

一位刚满5岁的小女孩，她目睹了一场可怕的场面而深受刺激。事情是这样的：她的两位兄长（一位15岁，一位11岁），因为争抢父亲买的东西（当时他们的父母都不在家）而发生了斗殴，其中一位在盛怒之下失手用刀子捅向了对方，鲜红的血流了一地，后经抢救无效死亡了。女孩被这可怕的场景吓呆了。

当她长大成人后，虽然那可怕的记忆已经淡漠，然而在与异性的接触中，她无论如何也无法建立起对异性的信任，在她的心中，异性都是冷漠无情而且是极其凶残的，这经常导致她对与异性接触的一些经历的遗忘。

单位派她与一位男同事出差洽谈一个项目，回来之后，让她汇报情况，她竟然记不起最近几天的谈判经历。

其实，正是童年的心理伤害导致了她的遗忘。成年后对异性的冷漠和排斥以及因此而导致的遗忘，是她潜意识没有抚平的创伤所致。

　　潜意识里另一个重要内容是我们的各种生理本能、原始冲动和欲望。例如爱美之心人皆有之，看到漂亮的异性我们就会多看几眼，这是我们的生理本能在起作用。但这种冲动和欲望往往受到社会道德和法律的约束，这样我们只好努力地把它们"忘记"，实际上它们并没有真的被忘记，而是被排斥和压抑在我们当前的意识之外，而进入了我们的潜意识。这些被排斥的欲望，在我们的自我控制松懈的时候，就会不自觉地冒出来，追求自身的满足。

　　潜意识是我们的底层的心理活动，同时也是我们精神活动的主体，虽然我们很少能够直接观测到它，但是它却决定了我们的精神状态。

　　在文明的社会中，我们必然要遵守一定的规则，当内心的真实想法与这些规则相冲突的时候，我们习惯的做法是将其压制下去，让其成为潜意识的一部分。

　　我们所想、所感觉和所做的事，有许多时候是我们自己都无法理解和控制的，这是因为它们受到了潜意识的指挥和控制，还有些时候，我们的一些想法和经历被遗忘了，也是受潜意抑制的作用而导致的。

　　为此，当我们一旦有了这种心理障碍的预兆时，我们只有努力去寻找到心理障碍的根源，才能有效地解决心病，这也正印正了那句老话"心病还要心药医"。

思想的象征性的表现

有些倒错行为只是一种无关紧要且很偶然的思想的象征的表现。

很多人把偶然性地倒错行为，比如走到别人家不按门铃而掏钥匙的行为，归属于大脑失调所造成的。但大脑为什么会"失调"？大脑失调难道全都是因为生理原因造成，这显然是以偏概全。在很多时候，大脑的失调是由于心理作用的影响。

我们所说的这种偶然性的倒错行为的发生实际上是受到我们的一些微妙的心理影响所致的。这种微妙的心理往往存在于无意识之中，而无意识的东西常常不被我们的知觉所感知。

汉斯·萨克斯医生讲述了发生在自己身上的经历：

我身上总是带着两把钥匙，一把是办公室里的，一把是家里的。

这两把钥匙是很不容易混淆的，因为办公室里的钥匙要比家里的大两倍，而且我把办公室的钥匙放在在裤兜里，而把家里的钥匙放在马甲的口袋里。

然而，当我走到办公室门时我发现自己经常掏错钥匙，而回到家的情况却刚好相反，几乎没有发生过掏错钥匙的错误。

汉斯·萨克斯医生大概是工作给他造成了极大的压力，他不想工作，只想回家好好休息的心理原因造成的。

毫无疑问，人的意识是一种神秘且复杂的精神现象，它看不见，摸不着，不能直接去感知，不受时间和空间的限制。既能在一瞬间回忆起过去或者憧憬未来，又能在一瞬间想象到万里之外的事物。

正如弗洛伊德所说，精神世界虽说变幻莫测，但并非不可探知。我们的思想会通过我们的一举一动，一言一行表现出来的。我们快乐的时候会发出笑声；我们悲伤的时候会哭泣；我们感到心烦意乱时，会不自觉地排泄心中的烦闷。我们的每一次偶然性地错误，都是我们思想在作祟。就如弗洛伊德所说，它是思想的向征性表现。这样，我们就可以借助一个人的倒错行为现象推知此人的内心世界。

在心理学界有个"行为主义"学派，即一切内心的活动都会通过外在的行为表现出来，这与弗洛伊德所说倒错行为的发生不是偶然的，是人们心里活动的产物不谋而合。

"行为主义"学派主张通过人的行为来研究人的内心世界。虽然这种观点不能代表全部事实，然而，当我们试图去了解他人的内心世界时，由于我们不能体验他人的主观世界，所以观察他人的行为就成为我们了解他人内心世界的重要途径。

其实对于擅长窥探别人内心世界的心理学家而言，往往也是借助于人的行为来推知人的心灵世界的，因为人的心灵与行为是相连接的。

一个人无论内心有多少秘密，它们总会通过人的言行表现出来。即使你想百般地掩饰，你那些微小的倒错行为已经足以暴露出你的内心秘密。

随着我们对潜意识的了解越来越深入，会更加惊叹于弗洛伊德这样的心理学家是如此地善于观察人们的细微言语、行为，并能从中揭露出人们内心的巨大秘密。

自我谴责呼声的作用

在误引行为中，有时是自我批评的呼声在起作用。这类误引行为很适合于表示自我谴责，现在的错误可以表现出过去在其它情况下所犯的错误。

当一个人对自己所做的某件事深感遗憾的时候，就会在心中留下阴影，对心理形成压抑，在不断地自责和自我批评中不经意地出现一些倒错行为。

这些倒错行为的发生，也许并不倒错误行为本身引发生，它可能是我们对某一件事的联想，由此及彼而形成。也就是在对以前所犯的错误的反省中，掺杂了自我批评的意图，于就是发生了倒错行为。

弗洛伊德讲述了自己的一个故事：

多年来，在我的写字台上一直并排放着一把医用锤和一支音叉。

有一天当我下班后，一位住在郊区的病人需要救治，我必须去赶一趟到郊区的列车。

离开时很匆忙，我竟然把音叉错当成医用锤放进了自己的衣袋里。出门没不久，音叉的重量坠在衣袋里，使我意识到了自己的错误。于是我连忙回到办公室，拿了医用锤才接着出发了。

有人可能会认为我是一个"不拘小节"的人，把我的错误归因于当时的匆忙，但事实并非这样简单。

弗洛伊德说："我之所以出现这样的倒错误行为，要想了解它，必须考虑当时的情况。据要求会诊的人所述，那个病人几个月前从阳台上摔了下来，从此无法行走。那位给患者医治的医生说，他不能确认，那位病人只限于肌体摔伤，还是患上了创伤性神经机能症，所以要求我去会诊。"

"那么这一次拿错东西大概是要提醒我，对如此只有细微差别的病症的诊断，一定要特别小心谨慎。"

"我的那些同行经常批评他在诊断创伤性神经机能症时态度过于随便，往往忽略更严重的隐患。"

　　"与此有牵连的还有一件事。几年前，也是在要求会诊的病人那里，我看过一个年轻人。他受到了一次感情刺激之后，连走路都很困难。当时我作出了'创伤性神经机能症'的诊断，并对其施与心理疗法。"

　　"事实证明，虽然说我的诊断是错误的，但也不能说是完全正确的。病人所表现的症状的一部分是因为'创伤性神经机能症'，这些症状经过一段时间的治疗很快消失了。但此后仍遗留着一些我无论如何也治不好的症状，这些症状只能认为是'多发性硬化症'，为此我觉得自己犯了很大的错误，并无法实现医好他的诺言。"

　　"所以，错拿音叉这件事可表述为：你这个白痴，你这头蠢驴！这一次要集中精力，别再像几年前在那儿对待那个可怜的病人那样，把那些医不好的病都不得当作：'创伤性神经机能症'！"

　　很明显，在这一"误引行为"中，由于自我批评和自我谴责同时在起作用，从而导致了错误的发生。

　　人是有思想的，都会通过心理结构中道德和良心的作用对自己的行为进行反省，而反省的结果往往是自我谴责。自我谴

责的心理作用又会对我们的日常行为

施加影响，这就不可避免地导致一些"误引"行为的发生。

我曾经就因"自我谴责"发生过误引行为。一天在单位吃午饭时，我在烫洗勺子和筷子的时候，把开水冲到了手上，但拿筷子的右手并没马上躲开，反而是提开水的左手移开了，右手马上发烫红肿。

虽然我今天心情不好，但我并没有自虐倾向，后来，我认真分析了这一"误引"行为发生的原因。

与我合作的一位同事——两年来一直不离不弃。就在那天，他不声不响地，没和说我一声就离开了单位。最近我一直发现他心情不好，但我并没有问其原因。

他的离开让我有些意外，我内心谴责自己做事不周，要是我在他心情不好的时候，多开导他一下，也许他不会离开的。

正是这种情感的影响让我闷闷不乐。往常冲洗的是两双筷子，两把勺子，而今天就剩下一双一把，心情可想而知，刚提起开水壶时还暗暗提醒自己可别烫着，越提醒越把手给烫了。

现实中很多所谓的失误行为都可以通过分析而了解其失误的背景或潜在的因素。这样，我们就能了解潜意识如何战胜有意识从而成功的误引行为的。

　　人都有自我谴责的意识倾向。往往，谴责的痛苦不是来自他人，而是来自于自我。我不禁想起诗人海子的死，也许他的自杀不仅是他伤害了女友的心，还有其他原因，但毕竟是分手这个事实使他卧上了山海关的铁道。

　　人类的良知，是天生的天赐礼物。唯有良知可以使人放下屠刀，但也会使人陷入过甚的清醒之苦。错误是不能永远避免的，歧途是随时都横在眼前的。允许自己犯错，是对自己宽容，也因此对他人宽容。

"献祭行为"的体现

有时候，人的那种疯狂的破坏行为是一种对命运的感激，是一种"献祭"行为。

人往往会在出现感激的强烈情绪时，就会压抑不住心中那排江倒海的一股忽然的冲动，这种冲动往往不容易被意识控制住，从而导致人们采取疯狂的破坏行为，比如砸坏某种自己喜爱的东西，或者扔掉自己的心爱之物。好像要献上某物来作为酬谢，这就是我们潜意识里的一种"献祭"行为，是为消灾去厄。这种心理就如"蚀财免灾"的心理一样。

潜意识一旦立意要去做什么，那速度之快，动作之准确，实在令人惊异。

弗洛伊德讲述了自己的一个故事：

我的大女儿一次病得很重。她在病床上已经躺了两个星期了，没有一丝好转的迹象，可以说已经奄奄一息了。

死神已经走近我女儿的灵魂，我对她的康复也放弃了希望。一种从未有过的失望笼照在我的心头。

可是，有天早上，奇迹出现了，我发现她竟然有了好转，并能开口说话了。

我自言自语道："上帝保佑，她终于可以活下来了。"

当时我穿着草编拖鞋，披着浴袍。我快速走进我的房间，竟压抑不住一股忽然的冲动，我把拖鞋朝墙上踢去，结果一尊美妙精巧的大理石维纳斯像从托架上掉了下来，摔得粉碎。我那看似笨拙的动作却没有损坏它旁边的其他东西，看起来像"粗中有细"一样。

看着满地的碎片，我冷冷地吟诵着布施的诗句："呜呼！麦第奇之维纳斯，忘矣！"

弗洛伊德说，他这种疯狂的破坏行为，就是一种对命运的感激，是一种"献祭"行为。似乎他曾立誓，如果孩子恢复健康，他将献上某物作为酬谢，他拿麦第奇之维纳斯作为祭品表达了自己对爱女病情有所好转的感激。

在由"献祭"行为所导致的过错中，是人的潜意识的思想活动，人们往往通过这种行为来达到自己情感上需求和满足。虽说犯了过失性的错误，但心里并不觉得愧疚，也不会自责。

献祭行为的发生实际上是自我心灵寻求解脱的一种行为，而这一行为的结果就是进行无意识地疯狂地破坏活动，它不是幼稚，更不是荒唐，它是受潜意识的驱使去寻求心灵的解脱之法的一种行为。

我的一位朋友，曾经给我说过这样一件事：有一次，他与他的女朋友因一些生活中的琐碎小事闹了矛盾。好长一段时间，他们互不理睬，大有矛盾升级的势头。经过反思，我的朋友认为自己有不对的地方。于是有一天，他给女友买了一尊很漂亮的雕像，以此来缓和彼此之间的关系。当他拿着雕像准备去女友家时，雕像无意间从手中滑落掉在了地上，打碎了。

他的这种损坏东西的行为，就是一种"献祭"行为——是为了挽救他们的感情。万幸的是他们的感情和雕像最终都得以完美地弥合起来。

潜意识中的"献祭"心理所导致疯狂的破坏行为，我们要正确认识和对待。

人活在世界上，不免有喜有悲，有乐有苦。不以物喜，不以己悲，才是人生的至高境界，这是以一种超然的心态面对生活。

一个人寻求心理解脱的方法很多，但不能抱着痛苦不放。痛苦都是空的，全是自己给自己施加上去的。很多时候不是痛苦抱着我们不放，而是我们抱着痛苦不放。

第二章

梦的解析

揭开人类心灵的奥秘

不论是谁，如果他不能解析梦中影像的来源，那么他就不可能了解恐惧症、强迫症或是妄想症，并且不能借此给患者带来任何治疗上的影响。

佛洛德通过对大量梦境实例的科学探索和解释，打破了几千年来人类对梦的无知、迷信和神秘感，同时提出了左右人们思想和行为的潜意识。他认为梦是愿望的达成，是清醒状态精神生活的延续。

梦是一个人与自己内心的真实对话，是自己向自己学习的过程，是另外一次与你息息相关的人生，当你沉入最隐秘的梦境，你所看见所感觉到的一切，你的呼吸、眼泪、痛苦以及欢乐，都并不是没有意义的。通过对梦的解析，可以了解人的精神和健康状况，特别是心理活动。

梦是人们情感的"镜子"。人睡着了，理性也就入睡了，但情感活动却不会中止；梦是我们未来生活的"测试器"，它能告诉我们未知的东西；梦也是我们心理健康的"安全阀门"，它解除了人心中的束缚和压力，让人自由思考，让我们能了解自我最深层的心理意识以及生理和心理变化；它让人保持住生命的活力和生物的节律。

如果从人的精神世界剥夺了梦，人类本身也就不可能再生存了；如果人只关注经济活动，对自身的精神活动一无所知，也就无心再去寻找认识这个世界其他的门径了。

解开梦境之谜，就可以揭开人类心灵的奥秘，也就能开启梦的心理治疗的大门。

梦的来源——个人经历的再现

　　组成梦的内容大多是以某种方式来自于个人经历，又在梦中浮现或回忆起来。

　　我们在白天的生活和工作中积累下来的一些经历，往往会在夜间入睡后不由自主地在心理上形成一些意向并及时反馈到我们大脑内，这样，心理就无法停止运动，又加上生理上的一些刺激会对我们心灵产生作用。这种心灵上的回应，就促进了梦的形成。

　　在很多时候，我们梦见一件事，但我们却记不起这件事是否经历过，于是就怀疑梦的来源，怀疑起梦有自产性。但事实并非如此，我们在白天的很多经历根本没有进入我们的记忆，晚上入睡后，这些经历又以梦的形式出现在我们的脑海中。

　　梦过之后，通常是在过了很长的一段时间之后，一件新发生的事又会勾起在我们在记忆中失去的往事的经历，历历在目。

德尔波夫曾讲述了自己做过的一个梦。

在梦中，我看到白雪覆盖的院子里有两只半冻疆的小蜥蜴，它们被深埋在雪中，奄奄一息。

由于我从小就特别喜爱动物，看见冻疆的蜥蜴，我于心不忍。于是我把它们捡了起来，拿回屋里，给它们温暖。两只蜥蜴慢慢地活过来了。后来，我把它们送回一座砖石建筑物旁边的小洞里，我给它们安了一个家。

我又从墙上摘一些蕨草的叶子，我知道它们很爱吃这种植物。在梦中我知道这种植物的学名叫"Aspleniumrutamuralis"，我看到两只蜥蜴开始吃蕨草叶子了。

梦还在继续着。我又看到另外两只蜥蜴在吃剩下的蕨草，我一转身又看到第五只、第六只蜥蜴也正向墙边洞里跑去，这时越来越多的蜥蜴排成了队都向着这个方向跑……

我在清醒时知道的植物的名称少得可怜。"Aspleniumrutamuralis"这个词在我的记忆中没有一点儿印象。后来，我经过查阅的确发现有这个词的存在，并确实是一蕨草类植物的名称，一个字母也没错。于是在梦中出现

"Aspleniumrutamuralis" 一词就成了一个谜。

　　这个梦是1862年做的。16年后，我去看望一个朋友，看到有一个如影集般的小册子，里面装的是压平的干花，是瑞士一些地方制作的一种专供国外旅游者的纪念品。这件东西吸引了我，我打开这个腊叶标本集，我发现了"Aspleniumrutamuralis" 这个曾在梦中出现的词，而且还发现在标本下面，这个词竟出自于自己的手迹。

　　于是，我想起了这样一个事情来。在1860年，这位朋友的妹妹曾在蜜月旅行时访问过我，当时她带着这个标本集，准备送给她哥哥，而我则在一位植物学家口述的指导下给每种植物写上了名称。

　　同时，这个梦例很值得一记的另一部分事实又十分幸运地建立起来了。1877年的一天，我无意拿起一本插图期刊，在里面，我看到了很多蜥蜴，正如1862年他梦中情形一般。那本期刊是1861年版的，而我一直是这个刊物的订购者。

　　德尔波夫的这个梦实际上就是自己经历的再现，但他的这些经历自己在记忆中并没有留下很深的印象，以至于自己记不起来，后来，当看到那个标本时，才回忆起自己从前经历的事情。

也就是说，梦可以给记忆提供根据，而这些记忆在我们清醒时却没有意识到它的存在，这也是梦具有的"记忆增加"的功能。

毫无疑问，对我们来说，梦是一种神秘又是奇妙的心理现象。梦是界于现实与虚幻之间的一个世界，它有强大的真实性，同时又离奇古怪、荒谬难解。

每一个人都做过梦，每个人又都为梦的奇特而百思不解。于是很多人就把梦归因于一种超自然的力量的影响，可以预示将来。然而弗洛伊德却认为，梦不是任何神奇力量作用的结果，而是我们潜意识活动的结果，它往往与我们的生活、工作经历有关，特别是一些存在潜意识中的童年的经历更有可能在梦中复现。

我的一位做大学讲师的朋友，年仅30岁。曾给我说过他做的一个梦。

他说，我梦见自己与许多亲戚同乘一辆大车去参加一个婚礼。在路上，不知是怎么回来事，车子撞到了路边的一棵树，树被撞倒了，车子也停了下来，车内的人却安然无恙。大家连忙下车，发现被撞倒的树是一棵梧桐树，叶子的颜色很奇怪，全都是白色的。不知为什么，亲戚们围着被撞倒的树哭了起来。

　　我却没有感到一丝悲伤，反倒觉得有些高兴。后来，车上的人都换上了白色的孝服，本来喜庆的婚礼变成了送葬的队伍，我远远地跟在队伍的后面，仍然一点儿都不感到悲伤。

　　要解释这个梦，这要从我的朋友的生活、工作经历说起。我的这位朋友，常做一些学术研究，研究成果也不错，在学术期刊上发表了许多学术论文。可以说是一位青年学术骨干。但他始终没被评上副教授的职称。究其原因，原来是因为主管评定职称的人，与他的学术观点截然不同，常常反对他的观点。这位主管评定职称的人是一位资深教授，在学术界享有很高的威望。

　　如果没有他的同意，我的朋友的副教授职称将会遥遥无期。我的朋友找这位主管谈了好几次，都没有得到肯定的答复。他常用一句话来搪塞："所有的评审工作都要按程序进行，你找我也没用，不是我个人说了算。"

　　一天，系内组织郊游，老师们同乘辆大客车。在旅途中开车的司机开得过快，闯进了人行道。人行道上并没有行人，只撞倒了一棵树，大家虚惊了一场。

　　正是由于有了这种经历，我的那位朋友刚好就做了那样一个梦。从显性的意上来看，这个梦就是生活经历的再现，但其中还包含着其他的意义。

显然，那棵梧桐树就代表那位处处为难我的朋友的主管评定职称的领导。我的朋友实际上是想着这位主管领导像那被撞倒的梧树一样尽快退出舞台，离开他的岗位。

从我的朋友的口中，我得知了那位主管领导姓"吴"。这与"梧桐树"的"梧"正好同音，这也表明了梧桐树实际上正是那位主管人物的象征。

梦中的"白色的叶子"与"白色的孝服"正好与这位老教授的满头白发相对应。

从上例不难看出，梦往往对个人的经历的再现，它是我们潜意识的一种心理活动的产物。按照弗洛伊德的观点，梦是化解人的心理刺激的特殊方式，其功效在于呵护睡眠，使之免受打扰。

当梦把我们的经历的再次展现的时候，可能会引发我们的一些情绪变化。当梦带给我们一种坏情绪时，有可能让我们几天都不高兴，甚至会引发一些精神上的错乱，这就要求我们正确对待，不要让梦中带来的坏情绪左右我们的生活。当梦带给我们好情绪的时候，也不要忘乎所以，失去理智。

梦的来源——外部感觉的刺激

很多梦都来自于外部感觉的刺激，外部感觉刺激很多，包括睡眠状态下伴随的或必须忍受的种种刺激，一直到偶然的唤醒刺激。唤醒刺激既可以终止睡眠，亦可以不影响睡眠。

外部感觉刺激，它是客观存在的。它不但会对梦境产生影响，而且还可能由此而形成一个完整的梦。外部感觉刺激包括声音、触动、某种气味等。比如钟表的声音、香水的气味，一个翻动、一个喷嚏等。

有很多外部感觉的刺激，在我们睡眠状态下是无法感知的，清醒之后，也就无法了解真相，找不到真正的外部感觉的刺激源了。因为人越趋于清醒，他对梦的感知就越充分，而且也能让他渐渐意识到自己是在做梦。同样，一个真正熟睡的人，以他此时的感知能力也许永远无法意识到他所做的梦是什么，当然也就更无法得知外部感觉的刺激源。

迈耶尔曾做过这样一个梦：几个面目可憎的人把他抓住了，他使出了浑身的力气，怎么也摆脱不了他们的控制，最终被那几个人捆绑了起来。

然后，他们对他施以酷刑——把一根木桩从他的大脚趾和二脚趾的缝隙中钉了进去，他又惊又怕，被噩梦惊醒了。

醒来后，他发现脚趾之间好像有什么东西，仔细一看，原来脚趾之间夹着一根稻草。

迈耶尔的梦就是受到脚趾之间的稻草的刺激而形成的，它是受人的外部感觉刺激而形成。当一个人在在外物的刺激下做梦时，有时也会掺杂情感。

睡眠是大脑的休息阶段。在睡眠时，意识和大脑的大部分功能都同时进入休息阶段。显然，人体还在活动的部分都随着进入意识的不控制状态。这时大脑有一个部分必须不休息。一些维持人体生存必需的生理活动（如呼吸、心跳、一部分感觉）还要进行，因此自动控制系统还要留一部分"值班"，以协调休息中的机体生理活动和防止睡眠中发生一些事情。例如，防止外界突然的变化对人体的侵害。因此，外部一些感觉刺激就很容易被睡眠中的我们的潜意识感知，从而形成梦境。就如弗洛伊德所说，人在睡眠时潜意识仍与躯体的外部世界保持着不断的接触。在睡眠期间，触及我们的感觉刺激很容易变成梦的来源。

外部感觉的刺激主要有视觉、听觉、嗅觉、味觉和皮肤觉。

受外部感觉的刺激而做梦的现象在我们的梦境中是经常发生的，这也是我们最熟悉的梦的来源方式。

我曾经就做过这样一个梦：我在读高中时，在学校住读。一个夏天的中午，我在寝室睡午觉，而有人在不远处的卫生间洗衣服，在流水声的刺激下，我梦见正是春天，窗外下着淅淅沥沥的春雨，打在窗外的樱花上，花瓣随风飘落在风雨中，忽而又是在闷热的夏日午后，我坐在床上看着窗外下起倾盆大雨，似乎还有水溅到了身上，这时我醒了，发现同学把水开得很大在冲洗地面，有水溅了过来，于是我的梦也相应地作出了反应。这是一个简单的外部刺激的梦。

当我们在睡眠中受外部感觉的刺激后，在梦的形成过程中，外界刺激的感觉进入意识系统后，还会加入我们的情感，也就是说，我们的情感在外界的刺激物下以梦的形式表现出来了。

　　认识到了这一点，对于这类梦的解析，我们就有了依据。就
可以把外界的刺激感觉与自己的情感结合起来对梦进行解析。

梦的来源——主观感觉的刺激

作为梦中意向的来源，主观感觉刺激不像客观刺激那样，它有不依靠外部机会的明显优点。只要需要，可以随时提供解释。

主观感觉刺激也就是内部感觉的刺激，包括主观的视觉刺激和听觉刺激。主观的听觉和视觉刺激在梦的幻觉中起着一个很基本的作用。梦中幻象是由我们所熟悉的主观视觉和听觉所形成的。这些感觉在清醒状态中是无形的，但当我们的视野变得黑暗时就能显示出来，耳中的声音也同样如此。

梦之所以能魔幻般地在眼前出现相似或相同事物，如我们在梦中看到无数只鸟、蝴蝶、鱼、五颜六色的甲虫或花等，都是我们的视网膜的主观兴奋而形成的。在这里，黑暗中的光就变成了千奇百怪的幻觉形状，而无数组成它的斑点就构成了梦中相同数量分离的意向，这些意向又由于移动的原因而被看作是移动的物体。这无疑也是梦中最爱展现各种动物形象的基础。

默里曾做过这样的试验：为了产生主观幻觉刺激的意向，他让自己处于昏睡一秒钟，醒来后，再把这个过程重复几次，直到最终入睡。默里发现，如果自己在不长的时间里醒来，就能够在梦中把入睡前幻觉浮现在眼前的意向分辨出来。

有一次，采取如此的方法，他做了这样一个梦：在入睡前他看见了一群很奇怪的人。在入睡后，他梦见有一些奇怪的人，十分讨厌地纠缠着他。这些人面目狰狞，发式奇特，在他醒来之后，记得十分清楚。

还有一次由于节食，他感到饿了，于是出现了入睡前的幻觉：有一只盘子和一只拿着叉子的手，这只手用叉子取食物喂他，接着，他坐在餐桌旁边听到就餐的人们吃饭时叉子的碰撞声。

还有一次，他的眼睛不舒服，有点疼痛，于是出现了入睡前的幻觉，看到许多非常细小的符号，他得仔细观察才能看清楚。一个小时后他醒了过来，记得自己在梦中读一本文字排得又小又密的书，他十分痛苦地在读。

默里的这些梦显然都是因为主观感觉的刺激而形成的。如弗洛伊德所说："作为梦象的来源，主观感觉兴奋有其明显优势。它们不像客观那样有赖于外部机缘。可以说，只要有所需要，就可以信手拈来以供解释之用。"比如我们在清醒状态时熟悉的那些主观视觉和听觉在梦错觉中起着重要的作用，如在黑暗视野中看见一片光亮或耳中听见铃响，等等。

　　人的主观感觉是我们的潜意识活动的结果，它往往与我们的身心状态有着密切的关系。

　　一个小女孩总是梦见自己从山上掉下来，她做这样的梦已经好几次了。在梦中她向一个陡峭的山上爬去，路面上到处都是沙子，加之又穿着一个平滑的鞋子，很滑。当她费力地爬到半山腰时，整个人就像坐滑梯一样，从山下滑了下来。有时梦到抓到树枝，趴在山上，有时滑下来什么也抓不到，通常这时就醒了。

　　在现实中，这个小女孩正面临大学毕业与择业的压力，由于正值就业高峰期，这个女孩深深地为自己的前途感到不安。梦中陡峭的山路即象征着她艰难的前途，而梦到"有时候抓住了树枝，有时候又什么都抓不到"，则表示她对对前途的忧虑和不安。

　　同样，孤独的感觉和对家乡的思念也会导致梦的产生。

　　有一个人决定要回到他阔别多年的家乡。出发当晚，他梦见自己置身于一个完全陌生的地方，正与一位陌生人交谈着。

等到他回到家乡，才发现梦中那个地方，正是老家的某个地

方，而那个陌生人在家乡也却有其人。

这位一直在外漂泊的人，对家乡的思念和渴望之情不知不

觉地从梦中表达出来了，并且回忆起了那遗忘已久的故乡。

因此可以说，梦总是与我们的身心状态密切相关，是我

们的身心状态的反映。如果一个当晚吃了咸菜或者其他很咸的

食物，那么晚上就会渴得醒过来。但往往在醒来之前，会梦见

自己喝着大碗的水，那滋味就像在大热天里饮入了清凉彻骨的

冰水一样可口。梦到找厕所的人，醒来后大多都是要立即去方

便，实际上这是由于膀胱弊涨而引起的一个梦。

梦总是与我们的身心状态密切相关。一个人的身心状态的

反应受到主观感觉的刺激后，就容易形成梦，它反应的是我们

的生理和心理上的需要。

梦的来源——内部躯体的刺激

几乎我们的所有器官在受到刺激时，或者说它们不舒服时，或者说生病时，都会成为梦的来源，尽管在它们正常工作时似乎不向我们传达任何信息。

在很多情况下，内部躯体的明显反应是构成梦的诱因。比如膀胱的胀痛、胃痛、心脏病、肺部疾病等等都可能形成梦。这些刺激和我们所受到的感觉或疼痛刺激有相同的作用。在睡眠时，人的心灵对躯体有着比清醒时更深、更广的感觉意识，它必须接受身体各部位刺激的印象，并受它们的影响。

目前，器官身体刺激对梦形成的意义已被普遍接受，但研究发现，即使是身体刺激，也不能完全排除梦意向的任意性。内部躯体的刺激可以引起感觉唤醒相对的意向，由此产生联想，从而形成了梦的内容。内部躯体的刺激往往同意向结合起来进入器官结构，不过意识对它的反应都是病态的。因为这种刺激根本不注意感觉问题，而是把它的整体引向伴随着的意向上去。

一位43岁的中年妇女近年来常做焦虑性的梦。

有一次，她梦见自己的女儿因心脏病突发，被送进了医院。她看到了女儿那病苦的表情，心如刀绞。在医院里，好几个穿着白色工作服的医生们正在抢救她的女儿。医生们神色凝重，这使她感觉到事态的严重性。

后来，抢救无效，她的女儿死了。她痛不欲生，放声大哭。竟然把自己哭醒了。

再后来，她去医院做了一次全面的体检，结果检查出她患有心脏病。几年后，她死于心脏病。

那位中年妇女就是由于受到心脏的刺激而做了一些可怕的梦。施尔纳将梦中的孩童诠释为牙齿。正是牙疼的刺激使他做了这样一个梦。

弗洛伊德认为，不同的内部器官的刺激会决定梦的不同性质，如心脏不好的人常做短梦，它的内容一般总是涉及某人死去的可怕情景；而肺部患者总是梦见有窒息、拥挤、飞翔等场景，常做熟悉的噩梦；那些消化系统有问题的人，所做的梦总是涉及对食物的享受与厌恶等。

弗洛伊德认为，梦对某些病症有诊断能力。人的内部器官组织的失调会在梦境中表现出来。从现代的临床案例中，我们也可以发现梦可预见疾病。很多时候，梦和病症会同时出现，它们暗示不同的疾病现象，甚至显示出治疗方法。一些科学家指出，内部器官组织的失调，在梦中显现，就是对病症明显出现之前的预兆。精神和神经心理学家设法解析出梦的意义，就会发掘出新的诊断科学，还可以给患者一个警告。身体的警告会启示当事人醒来时的思维。梦也能反映疾病给人带来的心理混乱，因此利用梦境治疗可以减少患者的心理的混乱和身体上的痛苦。

一位中年男子梦见自己骑在马背上，到丛林里去打猎。忽然树林里藏着两只黑豹向他扑了过来，他仓皇而逃，那两只黑豹紧紧地追着他，而自己怎么也打不中它们，心里感到十分恐怖。

这时，一只黑豹向他猛冲了过来，爪子戳进了他的肩膀，使他感到一阵剧烈的疼痛，在惊吓与疼痛的刺激下他醒了。

该男子三个月后被诊断出患有恶性皮肤癌，患病的地方正是在梦中被黑豹抓伤的地方。

一位40多岁的中年家庭主妇，生活很稳定，没有多少精神负担，但她总是反复做一个梦，每次都梦到有两只大手慢慢地向她的喉咙掐过来，而且越来越近，虽然每次总是掐不到她的喉咙，但她却感觉到很疼痛，并且十分恐惧。

后来，经医生确诊出她患有甲状腺癌，而那只大手要掐的地方正是癌变之处。

从以上案例中不难看出，有些梦是可以用来预测疾病的。因此，我们可以对梦加以利用，对某些病症及早预防、诊断和治疗。但是，对这些梦的分析的技术手段则会变得非常复杂。弗洛伊德认为，在这类梦的分析中没有任何通用的象征和标志，给我们释梦带来了困难，比如，不能因为梦见了黑豹就说得了癌。但这种梦对身体障碍的预测是显而易见的，可以通过梦来揭示可能在身体内发生的异变。

当然，不是所有的梦都能用于健康和疾病的预测。有些梦和现实不符，也不尽合理。这些梦可能是由于梦与现实相距时间太长，内容已被修订。

那些可能预测疾病的梦与普通的梦不同，它常常能在梦中显现出自己躯体某部分或者是自己躯体的某部分的感受。也就说，这类梦往往把身体的反应与我们的感受相结合。

梦的来源——心理作用的刺激

　　有些梦与睡眠毫无关系，只是做梦者自己心理的一种幻觉而已。这种梦境是通过幻想来达到某种野心和性情欲望的满足。

　　人们往往会在心理作用的刺激下形成梦。如会梦到白天所做的事和他们白天感兴趣的事。这种带入睡眠中的兴趣是受我们的心理作用的影响，它是构成梦与生活联结的纽带，同时它也提供了梦源，而且是一个不可等闲视之的梦源。

　　把梦作为一个心理现象——人们心理情结的幻觉产生。那么人们就可以通过自由联想而揭开梦寐之谜。只要我们假设产生某一特殊心理因素的情结制约着梦幻元素引起的联想，那么通过特定的心理因素找出这个隐秘的情结也就顺理成章了。

　　从梦的某一元素出发，通过一系列的自由联想，最终也可以突破这一元素的局限，发现受意识压抑或排斥的原始意念，也就是梦的根源和秘密所在。

一位年轻的作家讲述了这样一个梦：

在一座高山的山脚下，我坐在一辆汽车里，前面有一条通向山顶的狭窄而又陡峭的路。道路看起来非常危险，所以我在犹豫是否开上去。

这时，有一个人前些天在汽车旁，他叫我开过去，并说不必畏惧，我决定听从他的劝告。

于是我把车开了上去。前方的道路越来越危险，已没有办法使汽车停止，因为那是一条不能回头的路。当我接近高山的峰顶时，引擎忽然停止，刹车失灵，于是汽车向后滑回去，坠向了万丈深渊。

就在这时，我从梦惊醒过来。

通过了解，得知当时，这位作家正面临一个选择：得到一份很赚钱的工作，但是会违背自己的信念。梦中鼓励他开车上山的那个人，在现实生活中是他的一位朋友——一位知名的画家。这位画家选择了一个赚钱很多的职业，做肖像画家。

他现在虽很富有，却丧失了创造力。

这个梦境后的心理作用不言而喻，就是这个做梦者在两难的境地中犹豫不决——是选择财富，还是选择独立的自我？

　　弗洛伊德认为，当一个人的心灵深处有某种想法或痛苦经历时，如果总是被压抑在心底不能实现或发泄，它就会隐藏在我们的潜意识里。潜意识里的想法常会以梦的形式表现出来。

　　一个刚入学的大学生，一天夜里，他梦见自己穿着一件中山装走进了一座很昏暗的房子，屋内又脏又乱。

　　忽然，有几个陌生的人从昏暗的墙角冲了出来，向他攻击。这时，他拿起了冲锋枪，疯狂地向这些人扫射，他看见他们一个个地倒下了。

　　随后，他转身走出房子，很悠闲地点上了一支烟，然后又拿出了一颗手榴弹向屋内扔去，屋房随着爆炸声顷刻便倒塌了。

　　这时，他忽然意识到自己的课本在房屋内。可是房屋已被炸成了一片瓦砾，根本无法找到。他转念一想，没有了就算了，反正也无所谓。

　　这位大学生做梦的当天曾看过一部电影，其中的枪杀的那段情节与梦中的情节很相似。这位学生刚刚入学，他对学校的许多做法很不满意。当时期末考试快到了，可他却没有做好充分准备。

他的梦就是他的一些心理情绪的反映，房子代表着学校，梦中杀人并炸毁了房子是排解他心中的压抑；书本落在了被炸毁的房子里，说明他担心自己的功课，害怕期末考试考不好；书本无法找到，但转一想又无所谓。这是他对待考试的一种态度，考好与考不好都无所谓。从这个梦中可以看出，这位新入学的大学生把自己的心理情绪转换成了画面，并出现在了梦中。

我们所做的形形色色的梦都是我们内心深处想法的一种反映。我们的内心想法与梦的关系就像欲望与追求的关系一样，因为有了欲望，我们才有追求，同样正是有了我们的内心深处的想法，才有了梦。不管我们的梦多么离奇、多么精彩，都离不开我们的潜意识。

按照弗洛伊德的观点，人的意识以及由意识所支配的人的一切行为都决定于潜意识的强烈愿望。潜意识是梦的灵魂，而梦又是潜意识活跃的媒介。梦的来源实际上就是潜意识的，意识的愿望只有在得到潜意识的愿望的加强后才会产生梦。因为潜意识的愿望永远是活动的，只要有机会，它们就会和意识的愿望联合起来，将自己那较强的力量转移到较弱的力量上去。

显意与隐意——从梦的谜面寻求谜底

在释梦的时候，可根据显象和隐义把梦分成显性的梦和隐性的梦。需要探查梦境中隐藏的思想内容，从而对梦进行适当的解释，而不是就其表面内容作解释。

构成梦的元素本身并非是我们释梦的核心，同时也并非梦想者的本意，而是它们的替代品。至于梦的本意，则是梦想者意识不到的。做梦的人虽然心里有着这样那样的存在物，可他自己却并不一定清楚。因为梦的形成往往受我们的潜意识的影响。

潜意识往往能够支配人的整个思想和行动。释梦就是要发现潜意识里的东西。做到这一点，我们在释梦时就要遵循以下原则：一是对梦的表面意义，绝不是我们要探究的潜意识的问题，它合理、荒诞也好，清楚、模糊也罢，都不用去管它；二是我们只需发现梦幻元素的替代品，至于他们是否得体，是否远离这些元素，也可以一概不管；三是务必静候隐蔽意念的自然浮现。

按照这些原则，只有当我们以此为线索，引出被替代的意念之后，我们才能使梦中隐藏的潜意识进入意识之中。

一位女士梦见自己随丈夫去看一场演出，到剧院后她发现，人员稀少，连最好的位置都空了许多。她的丈夫指着前面一排没人坐的椅子说："爱莉斯和她的未婚夫也要看这场戏，可是要拿一个半银币买三个破位置的话，他们当然就不会来了。"言外之意是，我们来早了，多花了钱，却没买到好位置。那位女士回答说："反正他们又不吃亏。"

这个梦和下面的事情有关：

事件一：此前，丈夫曾告诉她；她的朋友爱莉斯刚刚订婚，虽然她俩年纪相仿，可人家倒是挺沉得住气的，凡是操之过急都未免太傻了。

事件二：更早些时候，她特别想看戏，便以很高的价格早早订了票，入场后却发现有半边座位完全空着，丈夫为此还奚落她。

事件三：做梦的前一天，她的哥哥给嫂子寄了150银币。

钱刚到手，嫂子就急不可耐地直奔珠宝行，悉数买了首饰。

　　这位女士的梦其实是对这三件事的回应。可"两人买三个人的位置"又是什么意思呢？通过梦者的三个联想，我们足以探明梦的潜意。

　　解梦的关键词是"提早订票"和"急不可耐地买了首饰"，都是几经伪装、潜意的替代品，把它们联系起来，我们就得出了这样的解释：这位女士对丈夫不满，并且后悔结婚太早了。

　　除了"三"这个数字还有点模糊外，梦中的其他表意都有着明显的指向或对应物：梦里的爱莉斯到场晚了，生活中订婚晚了反而占了便宜，反衬出自己事事占先却处处遗憾；"破位置"和"首饰"都是高价买来的东西，对应的都是自己的丈夫；"提早"和"急不可耐"则意味着那些行为太傻了；"一个半银币"刚好是"150银币"的10%，可以看作是嫁装的替代品，而她原本可以用这笔钱获得百倍的收益。

　　梦具有显意和隐意。梦的隐意和显意之间又有区别，梦往往将本能的欲望化为经验，这便是一种潜在的伪装。弗洛伊德认为梦是复杂的心理活动，我们可以运用精神分析来释梦。释梦就是给梦一种"意义"，这种意义就是一种晦涩的隐意，它作为取代物替代了某种思想过程，这也就是梦的伪装。

在释梦的时候，我们必须设法将这种伪装作用还原，提示隐藏在经过化装的梦背后的真义，而这种真义就是人的本能的欲望，就是要发现人的无意识深处的奥秘。也就是说，梦的显意是梦的隐意的化装。

在释梦中，我们常用"过桥"和"拆桥"来表达生活中的机遇和挑战，这是梦的显意。但是，过桥后要付出什么代价？桥会不会倒塌？过桥后是否进入安全的目的地？对这些梦的隐意的问题的揭示，可以让我们认识到生活的变化以及我们对这种变化的感受。

又如梦见父亲往往是权威、风度、慈爱的象征。父亲的形象多种多样，同样通过父亲的形象也可以产生多种情感。对自己父亲的认识对我们可能信任的其他重要人物的看法会产生重大的影响。权威是我们对父亲的第一印象，他无所不晓，见多识广。父亲往往是以家庭为背景，以特殊的方式出现在我们的生活中。这样的梦就可能隐藏着这样的意思：世界上的一切都是悬而未决的。父亲在梦中的出现，同时还标志着温暖的力量。如果父亲已经去世，他在梦中的出现，其隐隐约约可能是与尚未解决的问题有关。

　　弗洛伊德运用精神分析技术来揭示梦的隐意，他还提出了"梦治疗"的理论。他说："我们可以利用梦作为某种病态的意念来加以追溯，它可以成为回忆昔日生活的桥梁；接着第二步就演变成将梦本身当作一种症状，利用梦的解析来追溯梦者的病源，并加以治疗。"

　　在弗洛伊德的理论中，梦的隐意与当事人的生活事件、联想、人格状况、病人的解释活动以及治疗目标紧密地联系在一起，它们以"人性欲望"为主题，构成了一个独立的诠释系统。

梦的伪装——某种愿望的满足

梦就是那种以幻觉性满足的方式去消除干扰睡眠的（心理）刺激的东西。

梦是完全有效的精神现象———种愿望的满足。

我们所做的所有的梦，其目的都是让存在于我们内心的某种愿望得到满足，从而消除那些干扰我们睡眠的机制。梦的内容就是愿望的实现和表达，而且借用的是幻觉的方式。

前面我们讲了梦的显意和隐意，其实梦往往是在一番伪装之后，隐意将梦想者的愿望变成了心理上的现实。在解梦时，我们往往要先将伪装物去掉，然后恢复愿望的本来面目。

因为有了梦，人的愿望就化成了"现实"，梦想者便由此得到一种心理上的满足，愿望本身固有的刺激成分就会随之消除，睡眠也因此而变得静谧和酣畅。

　　一个5岁的小男孩兴高采烈地随着父母一起去某地旅游。他的父母给他讲述那儿的风景，并特别提起了那儿有座山叫德克斯坦，上面有所西蒙尼小屋。在山脚下用望远镜能看到山上的小屋。这位男孩对那座山和小屋特别感兴趣，从动身那一刻起就渴望看到这些。

　　在旅途中，小男孩每看见一座山就问，那是不是德克斯坦，问了好几次，答案都是否定的，这很扫他的兴，他很懊丧。那几天，他沉默寡言。

　　一天晚上，他很早就去睡觉了，父母还以为他累坏了，需要休息。谁知第二天一早，父母发现他竟然十分兴奋，话语也多了起来。他的父亲感到很奇怪，于是就问道："什么事让你这么些高兴？"小男孩回答说："昨晚我梦见自己住在西蒙里的小屋，舒服极了！"

　　小男孩对前几天的旅游经历感到不满，他的愿望没有得到满足，于是就直截了当地通过做梦加以补偿。儿童由于思想的单纯，所做的梦的伪装程度就比较轻，伪装的色彩也比较淡，往往从表意中就能明显看出潜意。

　　弗洛伊德认为，梦是一种愿望的满足。不过，这种愿望在梦中的表现，有时是直接的，有时是间接的，有时则是以相反的形式出现的。

有一位心理学者，进行过一项心理变化研究的空腹实验。他让32名大学生绝食几天。

实验过程中，有很多人梦见自己狼吞虎咽地吃着各种各样的食品。同时，在研究这些受试者刚一睁开眼时的谈话内容时，发现与食物有关的话题与空腹致饿程度成正比，绝对压倒其他话题。许多受试者平时根本不感兴趣的烹调技术、食堂菜谱之类，这时也成了饶有兴味的话题，其中有的人甚至还表示实验结束后想当炊事员，等等。

很明显，他们的梦，直接反映着受试者当时的需要和欲望。有些梦对愿望的反映要稍微曲折一些。

有一次，弗洛伊德的一个朋友的夫人，做了一个来月经的梦，这样的梦她过去没有做过，她向弗洛伊德讨教。弗洛伊德告诉她，夫人做这个梦意味着内心深处存在着"有月经就好了"的想法，如果反过来看的话，这个梦可以解释为夫人目前的月经暂时停止了。这位夫人听后惊讶地告诉弗洛伊德，自己正处于妊娠期，她对弗洛伊德的解释异常钦佩。

　　应该说，像这样内心无意识的欲求，在梦中按其本来面目直接或不很曲折地表现出来的情况，其判断是比较容易的。当然，由于梦的本质和机制十分复杂，许多内容对于人类来说，还是未知世界，所以，难以解释的梦仍然不少，甚至占梦的大多数。但是，按照弗洛伊德的精神分析方法，还是可以解开不少神秘之梦。

　　虽说人的有些欲望能在梦中明显表现出来，但也有些欲望会不露形迹地以另一种形式表现出来。弗洛伊德把这种机制叫作"梦的稽察作用"。它和过去军方检查报纸、书刊，把当时认为不妥的部分删掉重写基本上是一样的。也就是说，所以不能让无意识界的东西在有意识界随便露头，是因为有意识和无意识的镜头里都闪烁着督察官的目光，起着禁止可疑东西通过的作用。由于这个原因，所以尽管是在梦中，无意识欲望中一些丑恶的东西也都在换装、变形，变成能混过督察官的眼睛而表露出来。

　　按弗洛伊德的观点是，梦的唯一目的是满足愿望。例如，口渴时做梦喝水，这是满足喝水的愿望。做性梦满足性的愿望。梦可以满足人的愿望，这一点相信任何人都不会有异议。我们日常生活中，总是把美好而又难以实现的愿望称为"美梦"和"梦想"。但是说梦的唯一目的是满足，则并不是谁都能同意。一个人做噩梦被人追杀，难道是他内心有被杀的愿望吗？弗洛伊德认为是的，所有的梦都是为满足愿望。

他举例说，某女士梦见她最喜爱的外甥死了，躺在棺材里，两手交叉平放，周围插满蜡烛。情景恰恰和几年前她的另一个外甥死时一样。表面上看，这不会是满足她愿望的梦，因为她不会盼着外甥死。但是弗洛伊德发现，这个梦只不过是一个"伪装后"的满足愿望的梦。这位女士爱着一个男人，但由于家庭反对而未能终成眷属。她很久没见过他了，只是在上次他的一个外甥死时，那个男人来吊丧，她才得以见他一面。这位女士的梦，实际上意思是："如果这个外甥死了，我可以再见到我爱的那个人。"

在分析梦时，就需要我们千方百计地找到事物的本质，才能够揭示出我们的愿望究竟是什么。

梦的目的——生理和心理的需要

那些由性欲与饥渴等迫切的生理需要所引起的梦，它们得以产生的原因、赖以存在的价值就在于要消除心理的刺激，最终满足，至少象征性地满足生理需要。

梦的实用性在于消除心理刺激，让我们的一些欲望得到满足，从而保护我们的睡眠，而不至于让刺激把我们惊醒。比如，因性欲而产生的刺激往往可以在梦中化解，但性欲的满足又有自己的特点，不像口渴和饥饿那样需要借助物质的力量来加以平息，也许一次梦遗就可以使梦想者感到满足。

人为了满足生理和心理的需要，往往就以梦的形式来表现，这也是我们做梦的主要目的。当然，梦所带来的满足往往需要外界的支持，由于其中的伪装不是很明显，我们轻易便可在梦的内容中发现与现实经历的必须联系。

一位小女孩的生日到了，她的母亲特意为她做了很多好吃的东西。

面对如此丰盛的美味佳肴，年幼的小女孩饱餐了一顿，结果造成了消化不良。

在生日的第二天，她腹胀疼痛，极不舒服。也不能进食，挨了一整天的饿。

结果，当晚便梦见一份写着自己名字的菜谱，上面有鸡汁面包、奶油大饼、西芹烧牛肉、炸鸡腿等。

那位小女孩所做的梦，很显然是为了满足生理和心理的需要而出现的，是对白天挨饿的直接反映。

做梦也是人类正常的生理、心理活动现象。人在入睡后，一小部分脑细胞仍在活动，这是梦的生理基础。据研究，一个人每晚的睡眠约20%的时间在做梦。近90%的梦活动发生在异相睡眠期（现代科学家对睡眠分为两种，即正相睡眠期和异相睡眠期。人在睡觉时，这两种时期互相交替，每个周期约90~120分钟，正相睡眠期又叫慢波睡眠期，异相睡眠期又叫快波睡眠期。）

在异相睡眠中醒来的人，感觉梦多。而在正相睡眠中醒来的人，感觉梦少。

　　人为什么要做梦？科学工作者曾做了一些阻断人做梦的实验，发现对梦的剥夺，会导致人体一系列生理异常，如血压、脉搏、体温以及皮肤的反应能力均有增高的趋势，植物神经系统机能有所减弱，同时还会引起一系列不良心理反应，如出现焦虑不安、紧张易怒、感知幻觉、记忆障碍、定向障碍等。可见，正常的梦境活动，是保证机体正常活力的重要因素之一。梦是协调人体心理世界平衡的一种方式，特别是对人的注意力、情绪和认识活动有较明显的作用。

　　另外，做梦也是学习的一部分，是条件反射的一种继续，有人在梦中解决了未能解决的问题，或是找到了解决问题的线索。有人对英国剑桥大学卓有成就的学者进行调查，结果有70%的学者认为他们的成果曾在梦中得到过启发。

　　梦是大脑健康发育和维持正常思维的需要，是大脑调节中心平衡机体各种功能的结果。倘若大脑调节中心受损，就形成不了梦，或仅出现一些残缺不全的梦境片段。不过，若长期噩梦不断，也常是身体虚弱或患有某些疾病的预兆，需加以警惕。

　　弗洛伊德认为，梦的目的是为了满足人的潜意识中的生理或心理的一种需要而出现的。人的潜意识能够对人的生理和心理的变化起到内视的作用。潜意识不但能够追忆童年的往事，也能对褊狭的意识生活给予纠正和补偿，它具有启示性。

潜意识也可说是一位高明的医生，一直监视着人的一些肉体以及心灵中的变化，就连一些细微的变化，潜意识也会以一种夸大的方式出现在梦中。比如，身体某部分温度的升高，就可能梦见自己"正走向了火炉，并感到其热无比"。

梦的稽察——通过替代发挥作用

　　梦具有稽察的功能。梦的稽察是一个永久性的机构，即通过软化、暗示和近似去替代真正事物来发挥作用，其目的在于其维护已造成的歪曲。

　　梦的稽察功能的存在，是造成梦的伪装现象的原因之一。每当梦里出现了断裂、隐晦和可疑之处，我们就知道这是梦的稽察功能在起作用。一般来说，这种作用不会来得直截了当，比较常见的就是用暗示和影射来取代真实的意图。

　　那么，梦有什么样的稽察功能呢？它的功能主要有三种：其一，是以省略法删除欠妥之处；其二，是用障眼法加以乔装改扮；其三，是采取移花接木、偷梁换柱的方法，转移梦的要点。梦的稽察功能不会随着伪装的完成面退隐，相反，却始终守候在梦境中，以维护已经成型的伪装。由检查功能导致的梦的伪装，其程度的深浅是因梦幻元素而异的。

在战争期间，一位温文尔雅、德高望重的老夫人，在一个星期内，做了两个基本大致相同的梦。

在梦中，她梦见自己来到一个军队医院的大门口，对门卫说，自己是来劳军的，想直接面见院长。由于她把"劳"字说得特别重，门卫当即意会到她是来做慰安妇的，但想到来人年事已高，做这种事已经不太合适，所以犹豫了一会儿，才把她放了进去。

不知怎的，她没去找院长，却走进了一个黑乎乎的有一张巨大的餐桌地围坐了许多军官和军医的房间。

她对其中的一位军官说明了来意："我和维也纳的好多妇女都准备好了，要为将士们奉献……"后来就是一串喃喃的声音。然而，她可以从军官的半感困惑、半怀恶意的面部表情中看出他们每个人都正确地理解了她所要表达的意思。这个老妇人继续说："我们的决定听起来会令人感到很惊异，可我们都是十分真诚的。而那些上前线的士兵，有谁关心过他们的生死呢？"

之后，是几分钟令人难堪的沉默。紧接着，军医就用双臂抱住她的腰说："太太，假如真的这样……"接着，又是一阵细微而琐碎的声音。她挣脱身子，心想，这些人可能全都这样吧，于是便说："我一个老太太，怎能和一个孩子……"那军医说："我很理解你的心情。"其他人却大笑起来。

为了把事情说清楚，她要求去见院长。见到院长，她觉得很熟悉，但却记不起名字了。

一位好心的军官毕恭毕敬地给她指了路，她从一条狭窄的通道走出时，她听到一名军官说："不管年纪大小，她的决定都是令人钦佩的，向她敬个礼吧！"听到这话，更加坚定了她的决心，她义无反顾，毅然地走向了那永无止境的通道……

这位老妇人在梦中说到关键之处，就会被一种声音打断，我们可以根据"慰安妇"的角色及前后的意义来补充被声音打断的话，这样我们便可以得到梦的内容：做梦者随时准备为尽自己的职责献身，来满足军队中各种人员的性要求。

当然我们会说，这是一种令人感到无耻的性欲幻想，但是在梦中没有完全出现，得到了某种伪装。每当在上下文中需要这种表露时，梦的内容便被模糊不清的声音所替代：某种东西受到压抑而没有表现出来。这就是梦的稽察功能在起作用。

正是梦的稽察功能的作用，所以我们很难认识到，梦的故事中的那些令人难堪的细节才真正是其受到压抑的原因。

　　弗洛伊德把梦分为两个层次：第一个层次是显意的梦，这就是做梦者在梦中梦见的图像；第二个层次是隐意的梦，也就是隐意在显梦后面，或者混在其中的某些要求、动机、愿望和观念。这些要求、动机、愿望和观念就是做梦的真正动机。他们之所以被隐藏起来或变得非常晦涩，是因为他们都来自无意识，即使在梦中也很难通过梦的稽察——一种专门防止无意识内容进入意识的心理机制这一关。因此，必须经过改头换面才能进入意识，这样，梦的浅隐的内容就以外显内容的形式曲折地表现了出来。梦的这种隐意的表达，就是梦的稽察作用的结果。

　　稽察作用使隐梦所包含的无意识冲动进一步伪装和转化成显梦的内容，这种转化过程就是梦的工作，它包括以凝缩作用、移置作用、戏剧化作用、润饰作用。梦中的情感反映总是"真实"的，如果梦的情感反应与显梦内容不协调，说明其形成时发生了转化和象征，而与隐梦一致。

　　了解了梦的稽察作用，即梦的工作原理，就可以解析梦例。弗洛伊德发现，像梦这样一种人人熟悉的正常的精神活动，他里面所包含的一些过程，与形成神经病症状的那些过程竟然完全一样。这些精神过程就是凝缩、移置、戏剧化、润饰，弗洛伊德称为"初级心理过程"，而人在清醒时候的思想，则属于次级心理过程。因此弗洛伊德认为，梦的解释不仅能帮助人们认识做梦的真正含义，而且也能成为精神治疗的一个组成部分，帮助医生和神经病患者了解无意识动机。如果可能的话，进一步了解症状发生的原因，从而更有助于精神病的治疗。

梦的象征——梦的另一个化妆师

我们把梦的成分及其解释之间的固定关系称为"象征"的关系，把梦的成分本身称为潜意识梦念的一种"象征"。

在释梦中，我们不但了解梦的稽察功能，同时还要了解梦的象征功能。梦的象征功能就是通过梦幻元素和固定释梦的关系来对梦境形成的解释。很多时候，梦幻元素本身就是梦的潜意的象征。这种关系就是一种比喻，但又不同于其他任何形式的比喻。这些象征性的比喻受一些未知条件的限制。

一种物体或一个事件所比喻的事物，并不都成为梦中的象征。梦也不会用象征来表示任何事物，而只会将梦中的一些潜意识成分作为自己的象征。

了解和认识梦的象征功能，我们就能从另一个角度来释梦。它给我们释梦提供了又一个工具。

一位35岁的男子曾讲过自己在小时候做过的一个梦。这个梦在他的记忆里印象十分深刻，他对梦的内容记得一清二楚，而且十分肯定地说，是在他4岁时做的。

在他3岁时，父亲去世了。他梦见执行父亲遗嘱的那位律师带来两个大梨，其中一个给他吃了，另一个则放在起居室的窗台上。

他醒后，深信梦见的事实，并固执地向他母亲要那第二个梨，并坚持说它放在起居室的窗台上。

梦者说，那位律师是一个乐天派的绅士。梦者仿佛记得他的确曾给他带来了两个梨。那时候的窗台也确实是他梦中的样子。

通过联想，我们可以对此做象征的替代物的解释。那两个梨便是她母亲喂养过他的那对乳房，窗台则是他母亲的前胸所形成的投射。他醒后的真实感觉是事出有因的，因为他母亲曾用母乳喂养他，而且他断奶时间很晚，以致在他4岁时还可以吃母亲的奶。这个梦解释为："妈妈，请把你过去让我吮吸过的乳房再给予我。""过去"表现为他吃了一个梨，"再"表现为他对另一个梨的渴求。

一个动作在时间上的重复出现，是表现为梦中某一物体在数量上的多次表现。

弗洛伊德认为，对梦的解析必须了解梦的象征功能。他把梦幻元素与固定释梦的关系称为象征关系。时认为，梦幻无素本身就是梦的隐意的象征。

有时候，梦象征着一种非理性愿望的实现，有时候它也许仅仅只是一种愿望。

梦的具体象征意义与梦者本身的特点、身处的环境和自身的经历有着密切的联系。

比如梦见跌落，它就会有很多象征意义。如果一个人梦见跌落，它可能表明在他的生活中真的有跌落的危险。

例如，"我梦见从新建的七层公寓的阳台上跌落下来，醒来后，我立即检查了阳台栏杆，发现它们明显地松动了"。

"我的邻居梦见他的儿子从一架梯子上跌落下来，他检查了他家的梯子，发现有一处松动了。"

如果梦见了跌落而没有上例中的那些警告信息，那么梦者就应该从另一个角度去发现有没有比喻性的跌落。

比如，一个学生因成绩差而害怕留级，他梦见自己从学校的楼梯上跌落了下来，这个梦说明他害怕失去地位。一位妻子在丈夫晋升之后，立刻做了许多跌落的梦。这意味着她感到自己配不上丈夫了。也就是说，她认为自己在丈夫的心中的地位"一落千丈"了。

可见同样是跌落的梦，可以表示真的跌落，也可能表示留级，表示地位下降或表示其他意思。具体在某个梦里，它表示什么，只能根据梦的"上下文"来确定。

如果跌落的具体形式不同，其意义也不会相同。比如一个妇人梦见自己在床上躺着，突然感到床轻飘飘如雪花般地往下落，感到有些害怕。我们从"床"的向征功能可以猜测出此梦必然与家庭或性有关，因为床是休息或性爱的地方。这个女性已结婚，不存在把性视为堕落的心理。由此可推断出此梦中床的下落，暗示家庭根基不稳，表示婚姻生活不尽如人意，梦者也确实证明了这一点，她说，她的丈夫对她不如以前关心，她感到有些失落，因为梦中的跌落代表着失落。

所以，我们在解梦时不能机械地认为"什么象征什么"，而要根据具体情况具体分析。要把一个梦解析清楚，首先我们要了解梦者的相关问题，比如梦者的性格、生活状况、做梦前的经历等等，再根据梦中的内容进行自由联想，看它究竟象征着什么。所以对于梦的象征意义，我们不能简单化和绝对化。

梦的象征——象征与象征物的关系

所谓象征关系实为一种比喻，但又不同于其他任何形式的比喻，这些象征性的比喻受一些未知条件的限制。

当我们了解了梦中常有的象征与象征物的关系，比如对梦者的性格、生活状况、做梦前的经历等之后，通常情况下我们就要着手去解析梦了。然而，我们也不要因此就产生错觉，认为象征释梦就可以代替自由联想法。实际上，象征释梦是对联想法释梦的补充分析，从象征中取得的分析只有同联想法取得分析综合起来才会有意义。

一种物体或一个事件所比喻的事物，并不一定都会成为梦中的象征；梦也不会用象征来表示任何事物，而只会将梦中的一些潜意识的成分作为自己的象征。

一个年轻的的妇女曾讲述过这样一个梦：

　　在炎热的盛夏天，我在街上不紧不慢地走着。我戴着一项形状奇特的帽子，那个帽子的帽顶向上翘着，很显眼。而帽檐儿则向下垂着，而且一边比另一边垂得更低些。

　　我心情愉快，充满自信地在街上走着。忽然我看见了一群年轻的军官在前面。我毫不犹豫地走向了那群军官，心想，你们谁也不敢对我怎么样。

　　弗洛伊德认为，帽子肯定指的是男性生殖器，帽子的中间部分翘起，两边垂着，不正是像男性的生殖器吗？至于帽子两侧不对称的下垂，那位妇女曾鼓足勇气说，她的丈夫的睾丸一边比另一边低。这样，帽子下垂就得到了解释。

　　另外，因为这位妇女有一个生殖器存在障碍的丈夫，所以她自然无须担心那些军官——也就是说她无须从他们那里得到些什么。通常由于她害怕受诱奸，在没有人保护和陪同的情况下，她不会轻易出去散步。

　　梦借助于象征来表示的物品屈指可数，如人体、父母、子女、兄弟、姐妹、生死以及人的裸体等。

　　在梦中，房屋常被用作人体的象征。一个人几次梦见从房屋正面的墙壁上爬下来，有时心情不错，有时却又惊又怕。如果墙面平滑，房屋便代表男性，如果墙壁房屋带有阳台或带有凸突物，那么，房屋所代表的便是女人。

在梦中，父母通常以皇帝、王后、王公大臣或者其他显赫高贵人物的身份出现。这里，梦常表现对父母的恭敬孝顺的态度。而对子女、兄弟、姐妹等，梦中的象征就不一样，他们常常变成小动物、小爬虫或者害虫之类的东西。

有关出生的梦，总是离不开水。要么梦见落水或者从水中出来，要么是把人从水中搭救上来或者是自己被别人从水中救了出来。这些都是母子关系的象征。

至于裸体的象征，反倒是一些比较正规的制服之类的东西。

弗洛伊德的梦的"象征"理论，直指人的"性本能"主题。他认为梦中的象征多数是性的象征。性的相关之物不多，但在梦中性的象征之物却多得不计其数。比如男性生殖器的象征物可以是修长、直立之物，如手杖、雨伞、竹竿等；也可以是尖锐、易伤人的利器，像刀、匕首、矛、箭和枪等；还可以是种种火器，如火枪、大炮等；甚至有时候，水器也会成为男性生殖器的象征，像喷泉、水瓶和水龙头等；有时候，这类象征又会变成可长可短的东西，如弹簧灯、圆珠笔和可伸缩式铅笔等；此外，铁锤、指甲钳、笔杆和笔芯等日常用具也能作为象征。

　　同时弗洛伊德认为，世上所有具有容纳性和空间性的一切事物，在梦中都可以象征着女阴。比如，巢穴、坑洞、杯子、瓶子和罐子、船舶、纸盒、麻袋和箱柜等。当然，这些象征物是指子宫，而不是指女性生殖器，像火炉、橱柜，尤其是房间等。

　　弗洛伊德认为，女性的乳房和臀部通常被象征为桃子、苹果和其他水果。梦中水草丰盛、茂林修竹之地象征着男女两性的阴毛。女阴最复杂的部分常被喻为有山、有水、有草、有奇葩异草异石的景观；与之相对应的男性器官，则被形容为结构复杂的机器。

　　一个事物之所以能够被用来当作梦中的象征，是因为它符合做梦者的个人认知系统，一个任劳任怨的母亲在梦中被当成一头奶牛则因为做梦者认为奶牛是任劳任怨的动物。如果做梦者认为奶牛是危险的动物，那么奶牛就不能用来代表母亲，除非他认为母亲是一个危险人物。

　　另外象征与象征物的关系，还与个体有着密切的关系。正如前面我所说的，每一个人的个性在梦中以一种特殊的形式表现出来，这种个性的表现形式来自于做梦者的生活经验。

　　因此，象征与象征物的关系，既取决于我们的认知系统，又取决于我们的生活经验、情绪体验，同时，它还与我们的文化价值观有关。不同的文化背景，也会对相同的事物有不同的解释。比如中国、日本、韩国三国的人对眼泪的理解就不一样，中国人通常通过眼泪来渲染一种浑厚的气氛，泪水不一定表明自己的真实感受；而韩国人者通过声嘶力竭的哭声来表达自己的感受，非常煽情；而日本人则会在哭泣时无声地流泪，他们认为眼泪是治疗心灵创伤的一剂良药。

可见梦的象征与象征物的关系与梦者的情绪体验、认知系统有前关，同时要考虑梦者的生活风俗和文化背景因素。

梦的工作——梦形成的压缩作用

在梦的形成过程中，由于精神材料经历了广泛地压缩过程，所以造成梦内容与梦念之间的比例失调。

梦的工作实际上就是对梦的压缩。那么什么是压缩呢？梦有显性的梦和隐性的梦。显梦的内容比隐梦简单，就好像其隐意被压缩了一样。梦的压缩方法主要有：一是将相同特点的隐意与显梦中的某些特点合二为一；二是在隐梦的众多情节中，只有一些零星的片段侵入显梦中；三是让隐意的某些成分完全消失。

我们会有这样一种印象：似乎一整夜都在做梦，梦到了许多事情，可是醒来却忘记了梦中的大部分内容，只记得一些零星的片段。这就是梦的压缩作用的结果。它往往通过省略法来实现。也就是说，梦并不是梦念真实，也不是它原封不动地投射，而仅是它的很不完整、支离破碎的复制。

一位先生梦见他正同许多同伴在某条街上驱车前行。后来，他们进入了一家简陋的小旅店(这并非实情)。旅店里的一所房间里正在表演一场精彩的戏剧。他先观看了一会儿，而后又当起演员，亲自表演了起来。

最后大家开始换装，准备打道回府。他的一些同伴进入了一楼的房间，而其他人则走进了二楼的房间。

然后就发生一场争执。楼上的人对楼下的人动作迟缓致使他们不能下楼感到十分不满。他的兄弟在楼上，而他则在楼下，他对兄弟很恼火，因为他太性急了。(这部分较模糊)。

本来，在进入旅店前，他们就已经决定了谁在楼上，谁在楼下。由于那场争执，他的心情很糟糕。于是就独自一人踏着沉重的脚步，步履艰难地沿着有一定坡度的街道向城里走去。

忽然，一个上了年纪的绅士向他走来，并向他愤怒地谈起了意大利国王。走到了那条街的坡顶时，他的脚步忽然变得轻快起来了。在攀登小坡时体验到的困难是如此清楚，以致醒来一会儿，他仍在怀疑这种体验究竟是现实还是梦幻。

从梦的显象来看，此梦几乎不值得一提。但是，通过分析我们可以找到梦工作中的压缩作用。

在梦中他经历的那种艰难——伴有呼吸困难的步履艰难，这是因为做梦者在几年前确实出现过的一种症状，当时曾被人诊断为肺结核病。

梦内容中梦者起初步履艰难，后来在上了坡顶之后脚步又变轻快的原因要从梦者的经历说起。他说，自己在做梦的前一天晚上，看了一部名叫《维也纳巡礼》的戏剧。戏剧的故事情节是：一位姑娘最初很受人尊敬，后来堕入了烟花之中，成为了上层社会中男人们的情妇。她费劲心思往上爬，终于爬上了社会上层，但后来又跌落了下来。

梦者继续说，他新近与之发生了复杂的纠葛的女演员就住在梦中的街上。在这条街上没有像样的旅店。然而，在他陪那位女演员去维也纳的时候，曾经就住在一个很小的旅店里。当他离开旅店时，他对车夫说："我很高兴在这儿能看到虱子。"(害怕死虱子是他的恐惧症状之一)于是车夫回答说："有谁会住在这儿呢？这儿根本不是旅馆，不过是个客栈。""客栈"立刻使他想起一句诗："一个好心的主人，我后来成了他的客人。"但是在乌兰德的这首诗中，店主是一棵苹果树，因为又在思想链中引起了歌德的《浮士德》里的一段文字。

浮士德在与美丽的魔女跳舞，他说："我做过一个美妙的梦，我看见一棵苹果树，在那儿有两只最美的苹果闪烁着，它引诱着我，使我拼死地往上爬。"

美丽的魔女说："由于它们起初生长于天堂，你便对苹果朝思暮想；我万分荣幸地获知，它们也正在我的果园中成长。"

苹果树和苹果所意味的东西是毋庸置疑的，那位女演员丰满的胸部正是使梦者神魂颠倒的苹果。

从上述的分析我们假定，这个梦包括了梦者的童年印象。后来在梦者的叙述中，也证实了这一点。它涉及梦者的奶妈（现年30岁）。实际上，乳母的胸部就是儿童的客栈。

病人的哥哥也出现在梦中。当梦者本人是在楼下时，他是在楼上。这是梦的一个倒置，因为他的哥哥已失去了自己的社会地位，而他却还保留着。

这个梦的这些隐意如此复杂，就是受梦的压缩作用的影响。这个梦例中的很多东西都变了样，都是被压缩之后，以另一种方式呈现出来的。

弗洛伊德认为没有经过压缩作用的梦虽也可能出现，但是一般来说总少不了压缩，而且有时压缩的程度很大。

梦的压缩作用给我们的释梦带来了困难。经过压缩后的梦的象征意义就会以一种曲折、隐晦的方式来表达，这就是我们所说的梦中的象征意义的变形和扭曲。

　　一个人从旧梦到新梦的产生过程中，经常会在梦的压缩作用下出现梦的变形，特别是在用梦进行心理治疗时经常会出现这种现象，这也是治疗有无进展的衡量标准，当然也是当梦者人格发生重大改变的标志。

　　有一位患神经症的青年女大学生梦见"自己是一个可爱的小女孩"，心理治疗时主诉其缺乏自信，感觉大学生活的压力过大，并担心自己无法完成学业。治疗几次后，梦的内容发生了改变，她梦见"自己是一个喜欢和人争吵、冲动的少女"。从小女孩到少女说明有所长进，争吵是梦者对自己行为负责的表现。后来她又梦见"自己是一个小女孩，却穿着成人的服装，开着车去看电影"，这是其渴望自己尽快成熟独立起来，希望自己能有自信的表现。治疗结束时，她梦见两个人的形象，一个是"孩子落水，在即将淹死的时候却神奇地游回了到了岸边"，另一个是"爱吵架、老发火的少女变成了海盗船的船长，扬帆出海"。这个梦就是在梦的压缩作用下，隐晦地表现出其心理症状康复的表现。当然，如果治疗效果不理想的话，梦的隐意就会朝着不利的方向发展。

因此，当我们了解了梦的压缩作用后，我们在梦的心理分析和治疗中就应该注意以下几个问题：

1.对梦中的隐意的揭示时，一定要注意这是梦中个体的一种表现，不管梦如何被压缩了，但都离不开梦者本身的经历、感受等等。因此在解梦时，要结合梦者的独特性和生活经历来进行。

2.每一个梦者梦中的象征物不会没有意义，有时尽管会遭到梦者自我的否定，但其背后一定有隐意的存在，只不过被梦压缩罢了。

3.要注意梦中的象征只是更广泛象征过程中的一环，对于梦者在清醒时的象征或联想也要加以注意，有时梦者在清醒时的象征说明更为重要。此外，清醒时的象征和日常的想象可以交叉重叠，但是又有所不同，白天清醒时的象征是从梦而来，而想象是从日常生活和片段中而来的。

4.象征在压缩作用下的变形是受梦者的情感、思考方式、行为方式的影响而变化的。这种变形从人格上讲是自我负责，还是逃避，这是衡量人格发展的指标，也是判断梦者有无发生病理变化的一个重要依据。

梦的工作——梦形成的移置作用

梦工作中有一种精神的力量在发挥作用。在梦的形成过程中必须会有一种精神强度的转换和移置，这些差异就形成了梦的内容（显性的）与梦念（隐性的）的差别。

梦的工作具有移置作用，其主要表现方式有两种：

一是通过替代来移置。就是在梦工作时，把它的隐意的元素不以自己的一部分来显现，而用与之没有多大关系的其他事来代替。这就如我们在修辞学中所说的"暗喻"一样。但它与我们平时所说的"暗喻"是有区别的。我们平时所说的暗喻中的替代物总是与愿意相关，而梦的"暗喻"，则没有这些限制，它和原意的关系是不紧密的，或者是风马牛不相及的。

二是梦内容的重要元素向非重要元素移置。这就是说构成梦内容的一个重要元素移置于一个不重要的元素之上。梦的重心即被移置，它常以另一种形式表现出来。

一位女士曾做了一个金龟子之梦。她回忆起她有两只金龟子放在盒子里。她想，必须立即把它们放掉，否则，它们会闷死在盒子里。

当她打开盒子，发现金龟子已经奄奄一息了。但忽然，一只金龟子从从盒子中跳出，并从窗口飞了出去。当她应某人的要求关上窗户时，结果另一只金龟子在向窗口飞出去时，撞在窗框上，被撞死了。

这位女士在做梦前曾发生了这样两件事：

她的丈夫出门远行，她的14岁的女儿与她同寝。一天傍晚时，孩子说一只飞蛾掉进了她的水杯里，但她却忘了把它拿出来。第二天早晨，她对这个死掉的小生物心生怜悯之心。

那天晚上，她曾读过一本书，书上写了几个孩子把一只猫扔进了沸腾的水里，这只猫在水中痉挛的样子。

这两件事，其本身并没有多大的意义，但却是做梦的诱因。她为了弄清梦中的隐意，她进一步思考着对动物残忍的相关事情。

　　几年前，当她们在附近某处度夏时，她的女儿对动物十分残忍。女儿捕捉到了一些蝴蝶，并向她要杀虫药去杀死蝴蝶。还有一次，她看见女儿把一个大头针扎进了一只飞蛾的身上，并让它在屋里飞了很长的时间。在这以前，她曾看见女儿撕掉大甲虫和蝴蝶的翅膀。她对女儿的这种残忍行为感到震惊。

　　她把梦中的情形与女儿对动物的残忍行为进行了比较，这在无意中又使她想起了一个外表与品格之间的矛盾的对比的描述。乔治·埃利奥特在《亚当·比德》中说过："一个女孩外表漂亮，但内心空虚、愚蠢；另一个女孩是外表丑陋，但品格高尚。一个公子哥儿会勾引那个内心空虚的女孩，而一个工人则会去追求那个品格高尚的女孩。"

　　她说，要认识人的这一点真是很难啊！看到她这样，谁会猜想到她正在受到性欲望的煎熬呢？

　　正在她的女儿在开始收集蝴蝶的那一年，她们所在地区闹起了虫灾，这种虫就是金龟子。所以孩子们都恨这种虫子，看见了这种虫子就把它弄死，毫不留情。

　　在做梦的那天晚，她还翻出了以往的信件。读了几封给孩子听。其中一封是一位钢琴教师写给她的求婚信,那时她还没有结婚。

她也一直为外出的丈夫担心,她怕他在旅途中遭遇不测,因此白天产生了大量的幻觉。

在对她的分析中,发现她在潜意识中抱怨丈夫"变得很衰老"。这种隐藏在梦中的欲念会奇迹般地出现,即抱怨丈夫性能力的衰弱。这就是梦最核心的部分。

开窗和关窗是她与丈夫吵架的影射。她有开窗睡觉的习惯,而她的丈夫却喜欢关窗睡觉。

从分析中我们不难看出,这个梦的主题是性欲与残忍的关系。残忍这一因素进入了梦的内容,但它却产生了另外的联系,而与性欲毫无瓜葛。这就是说,梦由于受移置作用的影响,脱离了原来的本意却产生了另外的内容。

如果说压缩是梦者使用象征的需要,那么移置则是梦的伪装的需要,梦通过移置蒙混过关,使真正的意图不被"督察官"所觉察。在睡眠中,人的意识虽处于抑制的状态,但意识中的某些道德元素与价值观念也不会完全失去作用,它会对梦境做出审查,因而梦境变得不是它本来的样子。

移置增加了释梦的难度。但是,我们有理由相信移置不会天衣无缝，必然会留下蛛丝马迹，以便让梦者能够找到理解其本来意义的线索。

下面我们来看一个关于"原始人"的梦，以此了解梦的移置作用。

我梦见了原始人，一位生活在南美洲丛林中的原始人，一个男人。他勇敢、坦诚、武功高强，我似乎知道他并不是南美洲的人，他来自北美洲，在牧羊人的引领下来到南美洲。他是一位"领头羊"，带着羊群。我感觉到自己是他家里面的人，但又不是一家人。总之，我是他家族中的一个成员。

这个原始人在丛林中采集果实，他喜欢采摘一种树上生长的坚果——深咖啡色的外壳，里面有蜜汁，是一种很好吃的果子。

我看见他吃了许多这样的果子。有一天，他不行了，倒下了……好像要死去的样子。我急忙抱着他，向他的嘴里灌苏打水，他醒了过来。

在关于"原始人"的这个梦中，梦者在两个地方采用了移置手法：第一处是"武功高强"，用这样的词汇界定原始人不仅显得多余，而且也不准确，梦境中并没有出现这个原始人与别人争斗或者猎杀其他动物的场面。即使有武功，也没有强调这一点的必要。这是一个词语替换，实际上表明了梦者对那个"原始人"的看法——他在爱与性方面具有很高的功夫，是一个"情种"式的男人，一个泛爱者，男人之中的强者，从而与后面的"在丛林中采集坚果——深咖啡色的、里面带蜜汁的果子"这个具有强烈性爱色彩的象征遥相呼应。显然，这些内容不像"坦诚""勇敢"那样可以直接说出来，替换成"武功高强"和"采集坚果"就可以轻易通过检察官对梦的稽察。

第二个采用移置的地方是"向原始人灌苏打水"。苏打水是一个普遍象征，具有发酵与帮助消化的功能。放到这个梦中，"苏打水"同样是梦的伪装的需要，梦者使用了转移机制。梦境的表面意义是梦者对这个因吃了太多的坚果而"生病"的"原始人"的帮助，实际上却隐藏了一个潜意识的愿望：梦者与"原始人"的某种亲密关系的实现，这个亲密关系是通过"帮助消化"的行为体现的，苏打水不同于坚果，指明了梦者与他的亲密关系没有性色彩。

通过以上分析，第二段梦境的隐意可以表述为："这个男人在迷乱危险的男女世界中寻求原始情感的满足，他喜欢得到女人的情感喂养——像个小男孩迷恋母亲的乳房。我发现他与很多女人都有这样的情感关系。有一天，他终因这样的关系无法消受，疲惫地倒下了，好像要'死去'的样子。我急忙抱着他，安慰、关照和提醒他，告诉他不能沉迷于这样的生活。于是，他清醒过来了。"

到这里，这个梦的完整意义似乎已经呈现出来了，但是，对梦的解释并没有结束。我们不禁要问：既然梦是梦者无意识心理冲突的展现与解决，那么做这个梦的潜意识动机是什么？这个梦究竟表达了梦者什么样的焦虑？实现了什么愿望？实际上，在分析过程中梦者告诉她的分析师：她与梦中的男主人公在现实中以"兄妹"相称，她明确地知道这个男人一直对她怀有"兄长"的情感。由此我们可以理解，当这个男人在梦者面前展示出与其他女人的亲密关系时，作为"妹妹"的她，势必有"被疏远、不重要"的感觉，由此构成梦者的焦虑。于是，梦者以第二段梦境中"原始人倒下"和"向他灌苏打水"的设置，完成了"兄妹关系"的确认与情感回归，从而解决了梦者在这个男人与其他女人的亲密关系中成为"局外人"的内心矛盾。

尽管梦有一个精确的逻辑，用分析还原的方式把梦的显意转化为无意识的东西，即梦的隐意时，其意义具有唯一性。但是，就同一个梦来说，梦的意义却可以进行扩展。梦的精确逻辑与梦的意义的可扩展性两者并无矛盾。因为基于弗洛伊德式的分析还原解梦方法是一种客观层面的解梦，其要义是将梦的内容"打碎"或"拆散"，将其还原为梦者对外部情境或对象的记忆。

梦的工作——把思想转变为视象

　　梦里的思想不能完全转变为视象，同时，视象并不是思想变形的唯一方式。

　　通过梦的工作可以把梦中的思想内容转化为具体的活动和物体等视象，这就如我们将报纸、杂志中的文字内容用图画来表达一样。但是如果我们要将文字所表达的思想完全用图画来表现，就会出现很多困难，这也就如梦的画面在解析中出现的困难相类似。

　　有些显梦也可以通过梦的工作把它隐意的以及与不同部分有区别的特点，活生生地将隐意的大部分内容展现出来。梦的主题，或不稳定的隐意的数量和梦所分成的部分数量相等。内容翔实的主梦与一个初始的梦里，常常有一种因果关系的存在。隐意是梦内情景改变的代表。在由一个因素引起的单梦里，要用很多象征才能代表一个梦的因素。而在一夜里所做的几个梦里，常常只有唯一的意义，这是梦者加强对梦境干扰的结果。

一位女士做了一个梦，我们在这里把她所做的梦分为序梦和主梦。

序梦：她走进了厨房，她的两个女仆在那儿。她故意找碴儿对女仆说，你们怎么没把那份食物准备好。同时，她看见在地上倒放着许多坛坛罐罐，那是为了放干里面的水。那些坛坛罐罐已摆放成了堆……两个女仆这时去挑水，他们必须在河里涉水。她看见了那河水流向了院子，并流到了房子里。

主梦：她从高处跨过一些结构奇特的栅栏向下走，她很高兴，她的衣服没有被栅栏挂住。

这个梦就是把梦的内容转化成一个个物体和动作的视象，并以此来表达梦的思想的。序梦与梦者的父母家有关。梦中的话无疑是她常常听到她母亲所说的。那堆坛坛罐罐来自同一建筑的一家小杂货店。梦的另一部分与他的父亲有关，他的父亲常常调戏女仆，后来在一次洪灾中患重病而死。因此，隐藏在序梦之后的是这样一种思想："我出生在这样的一个贫困家庭中，条件是如此之差，只有低贱地做人……"主梦接过这一思想，改变为一种愿望的满足："我出身在高贵的家庭中。"这样，真实的隐意就是"我出身如此低下，我的一生也只能如此而已"。

对梦的解释过程就是对显梦的逆向翻译过程，这个过程与梦者制造梦境的过程相反，是对梦的还原。只有了解梦的制造过程，才能准确地理解梦的心理含义。梦的制造过程所使用的各种象征与伪装技术称为"梦的运作机制"，它是人的思想转变为视象的一种表现。

梦的表达是图像化的，梦的象征与伪装机制中最重要的手法也是指用一个简单的图像或场景来表达复杂丰富的意义。

在上文中"原始人"的梦例中，"原始人"就是一个简单的视觉形象，但表达的意义却很丰富：梦者对原始人的自由联想资料是"缺乏文明特征的、真实的、充满活力的、强壮的、本能的、自然而不加修饰"的人。关于原始人的联想中并没有粗俗无知的意义，而是暗指这个原始人是健康的人。除此之外，梦中用"一个男人"，"勇敢""坦诚"和"武功高强"对原始人进行了进一步修饰，从而将这个原始人的特征清晰地展现出来。"南美洲""北美洲"和"领头羊"同样是在定义这个原始人。南美洲和北美洲这两个地名，浓缩了大量的意义：北美洲是文明程度比较高，经济发达的地区，而南美洲却是相对落后的经济不发达地区，梦者由此联想到"水土丰润的热带雨林"与"印第安人原始部落"。"领头羊"即"团队首领"的意思。经自由联想，"原始人"的视象可以表述成一个异常复杂的文本：

"我看到一个男人，他是一位勇敢、坦诚、充满活力、自然而不加修饰的男人，他在情感与性方面有很高超的能力，一个'性情中人'；他在一片充满情感色彩的、与人类本能欲望和痛苦打交道的蛮荒地带——心理咨询与治疗行业——生活；他是一个团队的负责人，受耶稣基督的指引从事这一职业（因为梦者是一个基督徒，牧羊人来源于《圣经》中对耶稣的称谓）；他并不是一开始就从事这个职业，过去他曾是一个从事企业经营的人，经济状况比较好，但他结束了这种生活转而做了心理医生；我是他家的人，但我的意思不是说我是他的家人，而是说我是他所领导的这个团队的成员之一，但我和他的关系似乎更亲近一些。"

这就是梦的第一个片段的意义。这些意义将梦中的"原始人"还原为现实中一个具体的男人——梦者所在团队的负责人，一个40岁的心理督导老师。"原始人"及其相关视觉形象的意义，实际上就是对这个特定男人的描述。由此可见，由于梦可以将思想转变为视象，一个梦的显意可以非常简短，但其隐意却丰富而冗长。

梦的工作——梦形成的黏合作用

梦的黏合作用就是将梦的工作的结果直接黏合成一个完整的梦，也就是说，梦的工作可以让梦中的几个元素黏合成一个元素，使之进入梦的内容中。

梦的工作就是对梦的工作成果进行润饰、压缩、意象、移置，这一过程的形成就是因为梦所具有的黏合作用。这就如在建筑上用灰浆粘砖一样。在建筑上用水泥、石灰、河沙调和而成的灰浆，将若干块砖相互粘叠在一起，让砖原来粗质的状况隐退，而使它的内部以一种更细腻的样式表现出来，梦的工作就是这种原理，我们将梦的这一工作原理就叫作"黏合"作用。

一位女士做过这样一个梦：她坐在一家剧院中，正在看一出瓦格纳的歌剧，演出一直持续到早晨7时45分还未结束。

在楼下正厅的前排摆放了一些桌子，很多人正坐在桌子边吃着早点。她那刚度完蜜月回来的表兄和表嫂也坐在一张桌子旁边，他们的旁边坐着一位贵族。看来，是她的表嫂把她的表弟从蜜月里带回来的，就像带回一顶帽子似的。在戏院正厅中央有一位高塔。塔的顶部有一个平台，四周围着铁栏杆。

长相酷似汉斯·辛斯特的指挥官高高地站在塔顶的平台上，不断地来回跑动，大汗淋漓，以各种姿势指挥着管弦乐队。

她自己和一位女友坐在包厢内。她的妹妹从正厅前排递给他一块木碳，声称，她并不知道会有这么长，并说她觉得很冷。

这个梦完全集中于一个单一的情景，但有些方面却很荒谬。比如在正厅中央有一座高塔，指挥在塔顶指挥乐队！又比如说，她的妹妹递给她一块木碳！这是什么意思呢？原来她希望那个指挥能凌驾于乐队其他成员之上。这个塔可以描述为一个黏合而成的画面，其顶部代表那个指挥的伟大，其底部的栏杆代表那个指挥的最终命运，他在栏杆内跑动，恰似一个囚徒或笼中困兽——这也暗示了那个不幸的人的名字。

当我们发现了这个梦的表现方式后，便可由此解决另一个荒谬的问题——她妹妹递给她木碳。在这里，"木碳"意味着"偷偷的爱"。这源于这样一句诗："没有火焰没有木碳，却燃烧得如此炽烈，就像偷偷的爱，无人知晓。"

她和她的女友都未婚嫁（可以从梦中看出——"仍然坐着"意为"坐冷板凳"），她那有望结婚的妹妹递给她一块木碳，是"因为她并不知道会有这么长"。究竟是什么这么长？梦中并未指明，如果它是一个故事，指的自然是"歌剧"，但因为它是一个梦，我们便可把它看成是一个独立体，断定它是模棱两可的，并可加上修饰语"在她结婚以前"。

梦中所提到的梦者的表兄和表嫂的出现，正是对"偷偷爱爱"的解释。这样梦的主题就不难理解了，那就是偷偷爱爱和公开的爱之间以及梦者自己的火热和年轻妻子之间的冷漠之间的对立关系。

这个梦就是用几个模糊的概念粘结起来的一梦例。

有些梦是将很多视象黏合在一起而形成的。每一个视象都有一个特定的意义。梦对所有的视象的黏合就是为了表达一个被压抑的愿望的实现，或者是内心矛盾的清晰展现和解决。总之，梦通过对视象的黏合形成的意向，是展现自我的内心世界的一种途径。

因此，从梦中可以看出自己的精神实质。对于那些由视象黏合在一起的梦的解析，可以帮助我们看清自己的内心世界，真正地了解自己。

一位18岁的男孩对我讲了这样一个梦："一只小鸟被我踩在了脚下，我想抓住它，想捆住它的脚。不料，我一抖，却把它的头和皮拉掉了，血肉模糊。我还记得我威胁它说：'你跑，就把你喂猫。'"

这个由"小鸟""想飞""捆住它""把你喂猫"几个视觉图像被黏合到了一起，形成一个较为完整的梦。

在这个梦例中，很显然，"小鸟"指的是他的女友，他的女友就像小鸟依人一样温顺。但梦者很担心女友会离开他，想尽办法留住她，于是梦中就出现了"想捆住它的脚"，却没有想到，结果小鸟受到了伤害。如果女友要背叛他，他就会做出不理智的行为，伤害她。在梦中就是"你跑，就把你喂猫"。

通过对这个梦的解析，梦者就能够认识到自己内心深处的错误想法。如果像他梦中对待小鸟那样对待女友，其结果只会让女友受到伤害。而只要他尊重女友，女友是不会离开他的。假如这位男孩不了解这个梦，他就得不到这个启示，也就不能认识到他在恋爱中错在了什么地方。

有时候，梦作为来自于内心的独白，可以帮助我们修正人生的道路。梦能够使我们洞察自己的内心，知道什么是自己真正的需要。在我们面临人生的重大抉择的时候，梦可以给我们启示。

有个中年女士梦见一只大黑狗追她，她用大棒打狗，却打不死，跑也跑不掉，十分害怕。

这个梦是由"大黑狗""用大棒打它""跑不掉""害怕"黏合在一起的梦。

做梦的这位女士摆脱不掉的追赶者往往是自己心灵的一部分的体现，这只狗一直在她的头脑里，她当然跑不掉。狗在她的梦中就是警察，它追她，是因为她犯了罪，那么，她是不是做了什么事情让自己良心不安呢？在我的再三追问之下，她始终没有回答这个问题，不知是她真的想不起来，还是不愿说。

后来才发现，她有婚外恋的向往，而她又是一个保守型的人，因为对自己的这种想法很内疚。而当自己有了这个想法时，就让"狗追捕她"。

当我告诉她："在性方面偶尔受到异性的吸引，产生婚外恋的想法，这是正常的，不必当成一个沉重的包袱。但为了对家庭的负责和对爱情的忠贞，要约束自己，不实施行动。"

通过对梦的解析，她放下心灵的包袱，以后再也没有梦见

"狗追她了"。

　　同样，当我们在解析自己的梦时，要多问自己，寻找到梦中黏合物的意义。如果遇到梦中的情境像这位女士梦中的情境，就要自己安抚自己，放弃陈旧的观念，重建新观念，让自己的心理更健康完善。

梦的回归——精神作用的反向运动

如果我们把清醒生活中起源于潜意识的精神过程的发展看成是"前行"的，那么就可以说，梦具有一种"回归"的性质。

梦的产生，特别是那些幻觉性的梦，是从潜意识中的兴奋以反向传导的结果。即它不是传向我们的精神机构的运动末端，而是传向感觉末端。因此，梦的回归作用无疑是做梦过程中的一种心理特征之一。

回归作用并非仅仅发生在梦中。意向性的回顾以及正常的思维过程，都包含着精神作用的反向运动，即从复杂的观念活动退回到记忆痕迹的原始材料。但是清醒的时候，这种反向运动决不会超过记忆意向，它不会使知觉意向的幻觉复苏。但在做梦时，却可以使知觉意向复苏。

梦的工作就是将某一观念完全移置于另一观念中。正是这种精神作用才导致了知觉系统的苏复和运动。

一位父亲在他儿子病床边守候了几天几夜，最后，儿子医治无效，死了。

儿子死后，这位几天几夜没有合眼的父亲在隔壁的房间躺下休息，，但他没有关门，以便能看到那被蜡烛环绕的儿子的尸体。他已雇了一位老人正在为儿子祈祷，并顺便照看儿子的尸体。

睡了几个小时后，这位父亲做了这样一个梦：梦见儿子站在他的床边，抓住他的胳膊低声责怪道："爸爸，难道你没有看见我在燃烧吗？"他醒了以后，看到邻屋传来耀眼的火光，便匆忙跑过去，发现那位做祈祷，并看护孩子的老人已经睡着了。心爱的儿子的裹尸布和一只手臂被倒下的一根蜡烛点燃了。

门外的火光照射在梦者眼睛上，使得他得出了一个与清醒时会同样会得出的结论，即有根蜡烛倒了下来，点燃了尸体周围的东西。甚至他在入睡时也可能担心那位老人是否尽了他的职责。正是这种梦念思想，使梦毫无改变地复现了这种思想。把梦念表现为实际存在的情境，就像在清醒时可以用感观加以感知一样。

同时，梦中孩子的话肯定源于他以前的生活中说过什么，并与这位父亲认为很重要的事情有关。比如，我"正在燃烧"可能就是孩子在病中发烧时说的话，又如："爸爸，难道你没看见？"可能与一些情感化的情景有关。

从中我们可看出梦过程中最普遍、最明显的一个心理学特征：一个思想，而且必然是一个表示愿望的思想，在梦中被客观化了，被表现为一种情境。或者更准确地说，是被表现为能够被体验到的情境。

一个人的所思所想在梦中被客观地以能够被体验到的情境表现出来，这也就是我们平常说的"日有所思，夜有所梦"。这类梦的心理意义在于补偿与心理平衡。

通过梦，我们的潜意识可以指出或补充意识活动的不足，使精神生活更完善、更充实，使整个心理功能趋于稳定。人们可以通过自己的梦，使自己的思想和行为更趋于和谐。

梦在两个方面对心理进行调节，一方面是觉醒时紧张的心理活动，经过梦中的松弛，可以使其在梦中得到恢复，保证第二天重新开始紧张的心理活动。如果这种紧张的心理活动不经过梦的修复，持续进行下去，过不了多久，就会导致人的精神崩溃。另一方面是觉醒时的某些欲望不能得到满足，人们会因此而苦恼、烦闷，梦有时能够使这些欲望在梦中实现，也在一定程度上缓解了这些欲望的要求程度，促进了心理平衡。

梦具有调节心理的作用。每当情绪不好时，比如白天与人闹矛盾，与人发生纠纷时，夜晚就容易做噩梦，梦境多是争吵或怒骂或打斗等。当人从噩梦中醒来，往往心理上就平静了许多，并能比较理智地分析解决问题。

梦的这种心理调节作用，就在于解决潜意识的内部矛盾，促成人的意识与潜意识之间的平衡。这种调节功能，不仅在健康的人身上反映得很明显，就是在一些病人的身上也起着非常重要的心理治疗作用。

梦通过制造梦中的内容来重建并企图以此恢复心理平衡。梦的重建就是先提出警告，让你未雨绸缪。当梦给你带来的是关于自己的阴暗面和不为人知的潜在心理时，应懂得自我接纳，慢慢释放出来。梦在给你提供一个改善心理状况的机会时，你自己意识到的不足而梦提前暗示给你时，要因势利导，以此恢复心理平衡。

一位大学生讲了这样一个梦：我梦见自己躺在床的上铺，同宿舍有个同学站在床边。我可以看见这个人的脸，对这个人印象较深的是：一个高鼻子，且鼻子有点红，好像在发炎一样。这人正叼着一只烟，而在实际生活中这个人是不吸烟的。

我们来分析一下这个梦：梦中高鼻子的同学实际上就是自己的化身，梦者有鼻炎。医生告诉他，如果吸烟过多会使鼻子流血。

这个梦警示的就是他，如果你再继续吸烟，你的鼻炎就会加重，鼻子会流血。

可见梦比我们平时更细心，它会看到被我们所忽视的事。梦会清楚地看到事物真相，如果你听从它的警告在心理上做好准备，就能避开即将到来的危险。

第三章

超越唯乐原则

影响心理的基本原则

本能是有机体中固有的一种恢复事物早先状态的冲动。

人的心理主要是受唯乐—痛苦原则的支配，在现实中消解各种各样的紧张与压抑，从而获得某种愉快与不愉快的体验，并由此产生唯实原则，在这些原则的影响下，人的行为就会出现重复或强迫重复，它具有恢复早期状态的倾向。

人的心理存在着趋向快乐与愉悦的本能，对痛苦的遗忘是自我的一种本能选择，但这是不现实的，更多情况下，我们会受到各种束缚而延缓心理欲望的满足。内心有强烈的追求快乐的倾向，而现实总会存在一些力或因素，阻止这些倾向的实现。此时，行为主体就必须考虑现实的可能性，为减缓外部力量对内心的压力而做出主动的让步。

心理过程的这种让步，并非是放弃对快乐的追求，而是为了"暂缓"实现这种满足罢了。唯实原则"要放弃许多实现这种满足的可能性，暂时容忍不愉快的存在，以此作为通向获得愉快的漫长而曲折的道路的一个中间步骤"，然而，唯实原则如果总受到挫败，则会给有机体造成某种程度的伤害。心理器官对不愉快情绪的反应，其实就是对事物的知觉，这种来自外界的干扰会让人感觉到危险的存在，这是对本能的压抑，也是对情感世界的干涉，为了减少伤害，此时，唯乐原则就必须依靠唯实原则的"指导"。

弗洛伊德也提出了"死本能"和"生本能"的概念。"生本能"包括人的自卫本能和性本能。"死本能"的概念与"生本能"相对，指的是每个人都有一种趋向毁灭和侵略的冲动。"死本能"表现为人的进攻、侵略、破坏、对抗、嫉妒、自我谴责等冲动。这两种本能的合作与反抗构成了人的生命过程中的全部内容。

唯乐原则——产生愉快的心理支配

在精神分析理论中，我们十分肯定地认为，心理事件经历的过程是受唯乐原则自动调节的。

弗洛伊德认为人的心理活动的产生是由某种不愉快的紧张状态所引起的，它的最终目的是消除这种紧张状态，达到避免不愉快的产生或产生愉快的结果。也就是说，人的一切心理活动都是为了寻求愉快或以愉快为目的。同时，他认为，愉快与不愉快的心理的产生与人的心中的兴奋量有着直接关系。不愉快与兴奋量的增大相一致；而愉快与兴奋量的减少相一致。

唯乐原则往往通过幻觉来满足人的本能要求，使心灵摆脱以本能张力变强而产生的痛苦或不愉快。

已满11岁的小英，不管是在儿童游乐园，还是在家附近玩耍时，总是喜欢去抢别的小孩的东西。她一旦看见自己喜欢的玩具，不管三七二十一，就从别的小孩手上直接抢过来，也不管这个玩具是否是他人的。

　　小英的爸爸十分不解地跟儿童心理咨询师说："我跟我老婆都是研究生毕业，也算得上是社会的精英分子，我们一向待人谦和，为什么我们的孩子完全不管周遭人的想法，想什么就要什么，完全没有商量的余地？这样的小孩该怎么教？"

　　小英的爸妈都是彬彬有礼的高级知识分子，他们想给予孩子身教，想让小英变成懂得为其他人着想的小孩，可是事实是小英却以自我中心，根本不顾其他人的想法。

　　其实，小孩子刚生下来时都是以自我中心的。婴儿肚子饿了就要哭，也不管现在是半夜三更。1岁的小孩想玩什么玩具，就直接抢过来，也不管这个玩具是否是别的小孩的。换句话说，小孩子一出世，是被当下的欲望所牵引着，奉行着唯乐原则——不管外在环境如何，都会努力去获得快乐，逃避痛苦，弗洛伊德称之为"本我"。

　　一个一两岁的孩子受本我冲动的支配，我们都可以理解。可是如果一个10岁的大孩子或者是20岁的青年，还完全受本我驱使，不管现实环境的限制，也无视是非对错的准则，我们就会摇头说，这个孩子总是以自我为中心，这个孩子被宠坏了。

小英就是这样的一个例子。

　　弗洛伊德所说的唯乐原则是受人的本能所左右，就如一根弹簧有一定的长度，你把它拉伸或者压缩，一放手，它又回到原来的长度，这就是弹簧的唯乐原则。同样，一个人一旦看到自己喜欢的东西就想顺手拿走，这就是人的心理受唯乐原则支配的例子。但是，一般人是不会这样做的。

　　唯乐原则可让我们的神经放松，过得很快乐，也很健康。我们谁都不会见到自己喜欢的东西就拿走。虽说自我本能天生有追求快乐避免痛苦的趋向，但这些欲求无法全部在现实中获得满足。在生活中，人的这种欲求会对痛苦做出让步，在承担一定压力的基础上，开始由唯乐原则向唯实原则（通过与外界现实的调节适应，从而使本能获得一定程度的满足）过渡。无法实现自由转化的，则会在社会生活中以各种神经病症候出现，这就需要运用精神分析的方法，为其找出受到压抑的心理过程，重新获得正常的生存能力。

　　唯实原则或许会让一个人得到满足，但人在现实中有时还不得不压抑自己的想法而面对现实。

　　因此，一个人在成长的过程中，总是受到本我的愉快心理的满足与自我放弃愉快而面对现实两方面的约束。

　　就如上例中，小英在成长的过程中，本我得到充分满足，一直没有太多机会去发展人格另外一项重要成分——自我。

　　当一个孩子抢别人玩具而遭到阻止，他的自我便逐步开始发展。他开始认识到，虽然自己想要，但是不能要。这就是自我所服从的现实原则：冲动必须延宕至适当的情境才能获得满足。一个人如果连这一点都做不到，他前途就堪忧了。

唯乐原则——对不愉快的心理的抗拒

在人的心中存在一些趋向于实现唯乐原则的强烈倾向，但是它受其他一些力或因素的抵抗，以致最终产生的结果不可能总是与想求得愉快的倾向协调一致。

一个人的心理器官具有的全部能量都来自于内部的本能冲动，但并非所有的本能冲动都能达到同一发展阶段。通常会发生这样的情形：个别或部分的本能在其要求的目的方面与另一些自我本能不能协调一致，于是一种本能便通过压抑过程脱离了这一体系，滞留在较低级的发展阶段，因而一开始就失去了获得满足的可能性。如果这些本能不能获得愉快的满足，就会通过迂回曲折的途径，以另外一种方式来获得心理的满足。它实际上是对不能满足的欲望所产生的不愉快的抗拒。

一个一岁半的小男孩，在智力发展上方面不属于早熟的类型。他只会说几句简单的、容易被人理解的话。他与他的父母以及一个年轻的保姆相处得很好，他们都称他是一个"好孩子"。夜晚他从不打扰他的父母，而且规规矩矩听从大人的劝告：不拿别人的东西，不随便走入别人的房间。尤其是当父母离开他好个几个钟头时，他也从不哭叫。同时，他又极依恋他的父母。

可是，这个好孩子却有一种常给人带来麻烦的习惯：他常常喜欢把凡是能拿到手的小玩意儿扔到屋子的角落里，扔到床底下这一类很隐蔽的地方。结果，给找寻这些东西带来了很大的麻烦。

有时候，他一边扔东西，一边叫嚷着，发出"噢噢噢"的声音。同时脸上带着一种感兴趣和满足的表情。孩子的父母认为，他不是在随随便便地叫喊，而是在说"不见了"。

后来，大人们终于弄明白了，孩子是把扔东西当作了一种游戏，而且是为了把东西玩"不见了"的游戏。

后来，他的父亲上了前线。一年后，当这个小男孩在玩玩具生气时，总是抓起玩具，把它扔到地板上，口中说道："滚到前线去！"

　　这个小男孩的一切行为都是受唯乐原则的支配。他喜欢把东西玩"不见了"，这是他对父母的离开时所做的本能抗拒。他通过导演一场使自己手中的对象消失不见，随后又重现的游戏来补偿父母离开后的不愉快心理。

　　这个小孩子把令他苦恼的体验当作游戏反复重演的真正目的在于他能高兴地看到父母的返回。同时，他把东西扔"不见了"的行为是为了满足他的某些冲动，即为父母的离他而去的行为进行报复的冲动。这种冲动在他的实际生活中是受到抑制的。在这种情况下，他的行为包含有这样的意思："那好吧，去你们的！我不需要你们，让我来把你们打发走。"

　　一年之后，他的行为表明：他不想让别人来打扰他独占母亲的状况。他把东东西当作人来丢掉，表达的是一种敌意的冲动。

　　从儿童游戏的过程中我们可以发现，孤独的儿童在自己的游戏世界中，逐渐摆脱了被动的地位，从单纯的体验中走向主动的操作。游戏让孩童学会了独处，并慢慢地满足自己的欲求。儿童不断抛弃玩具，并从对被抛弃对象的身上获得一种暂时的满足，从而使其压抑的情绪得到发泄。

　　如果一个人的压抑情绪得不到适当的宣泄，或者说对压抑着的不愉快的情绪不能进行转移，那么人就会在痛苦中生活着，并有可能形成病态的心理。比如我们常说的逆反心理，就是对不愉快的情绪产生的一种抗拒心理压力，而这种抗拒的心理压力在得不到释放，同时不能够转移时，逆反的心理就形成了。

有逆反心理的人，面对对方的要求总是采取相反的态度和言行。逆反心理在人的成长过程的不同阶段都有可能发生，且有多种多样的表现。比如对正面的宣传做不认同、不信任的反向思考；对先进人物、榜样无端怀疑，甚至根本否定；对不良的倾向持认同感，大声喝彩等等。

小红从小聪明伶俐，很听父母的话，是一个人见人爱的孩子。可最近小红变了。凡事总爱与父母顶嘴，自作主张，有时还偏要与父母"反其道而行之"。

小学毕业时，父母为她选择就近的一所重点中学作为报考意愿，而她偏偏挑选了一所离家较远的中学，其目的是为了与父母对着干。

一次，她得了鼻炎，父母为她买了滴鼻药水，而她却当着父母的面把它扔了。还有一次，一天忽然变冷，小红的母亲特意为她送去了衣服，她竟在同学们面前，当着母亲的面把衣服扔在了教室的地上。

　　父母平时工作很忙，一有机会就想找她聊聊，而她却总是以各种理由来逃避。在学校，她喜欢向班上的学习委员请教难题，来往比较密切，加上他们家离得很近，上学放学常一块儿走。他们的友谊，小红的父母认为不正常，因此经常暗中盯梢。一次，小红的自行车坏了，小伟就载着小红回家了，在回家的路上遇见了小红的母亲。小红回到家里，那天晚上她母亲责骂她："不要脸，当学生就谈恋爱。"小红有口难辩，觉得无论如何解释也没用，一气之下就说："你们硬说我们在谈恋爱，那我们偏谈给你们看看！"结果，他们的友谊果真发展成爱情，并私奔了。

　　小红的逆反心理的形成，就是对父母的态度一种抗拒行为中构成了心理定式，并且这种心理定式没有转移和得到宣泄，于是她的一举一动，一言一行，都是在与父母作对，并不是她真实内心的想法，而是一种抗拒心理。

　　逆反心理形成后，会使人无法准确、客观地认识事物的本来面目，而采取错误的方法和途径去解决问题。

　　当一个人一旦形成了逆反心理，就应该从以下几个方面入手来去告别这种心理。

一是提高自身素质，增长见识。一个有着广博知识的人，凭直觉就能认识到逆反心理的荒谬之处，从而采取一种科学宽容的思维方式。广闻博见的人能避免固执和偏激。

二是努力培养自己的想象力。有逆反心理的人往往缺乏多渠道解决问题的想象力。如果一个人的思想一旦被逆反心理所控制，就会变得狭隘、短视和愚蠢，就无法进行正确的思维和判断，其思想仅仅停留在"对着干"上。而一旦想象力丰富起来了，他的思路就开阔了，就能够从偏执的习惯中解脱出来。

唯实原则——暂时容忍不愉快的存在

唯实原则往往要放弃许多实现本能满足的可能性，暂时容忍不愉快的存在，以此作为通向获得愉快的漫长而曲折的道路的一个中间步骤。

人的心理存在着趋向快乐与愉悦的本能，对痛苦的遗忘是自我的一种本能选择。但这是不现实的，更多情况下，我们会受到各种束缚而延缓心理欲望的满足。内心有强烈的追求快乐的倾向，而现实总会存在一些力或因素，阻止这些倾向的实现。此时，行为主体就必须考虑现实的可能性，为减缓外部力量对内心的压力。而做出主动的让步。

心理过程的这种让步，并非是放弃对快乐的追求，而是为了"暂缓"实现这种满足罢了。心理器官对不愉快情绪的反应，其实就是对事物的知觉，这种来自外界的干扰会让人感觉到危险的存在，这是对本能的压抑，也是对情感世界的干涉，为了减少伤害，此时，唯乐原则就必须依靠唯实原则的指导。

公元前496年，吴国征讨越国，结果吴军大败。吴王在战争中被毒箭射中而死。他的儿子夫差当了国王，精心治理着国家，训练他的军队，网罗贤才。经过三年的努力，吴国实力大增。于是夫差就挑了精兵良将去征讨越国，打败了越国。

越王勾践被吴王夫差打败后，与夫人一道在吴国服侍夫差。他忍受了种种常人无法忍受的屈辱。

三年后，被遣送回国。勾践立志雪耻，发愤图强。他放下了国王的架子，睡稻草，并在室内挂了一只苦胆，每逢卧起与饭前都会舔尝苦胆，并高声自问："勾践，你忘了耻辱吗？"时刻提醒自己不忘失败的耻辱。

经过漫长的努力，越国终于强盛起来，一举灭吴，终成霸业。

越王勾践为什么能够容忍心中不愉快的存在呢？那是因为他心中有坚定的复国信念，并想以此获得心理上的满足，以雪前耻。虽说越王的雪耻之路是漫长的，对不愉快的容忍也是漫长的，但正是在漫长的时间里对不愉快的容忍，最终让自己心理上得以平衡和愉快。

一个人不可能只是为满足一时的愉快，过今朝有酒今朝醉的生活，他必须面对现实，去求得生存与发展。这时，一些不愉快的事情就能够暂时容忍，放弃支配心理的唯乐原则，而走向唯实原则。

比如，一个人看见漂亮、有权有势的人就想去巴结讨好，或者看见舒服的椅子就想坐上去歇一歇，看见诱人的桃子就想去咬上一大口……但是，一想到自己并没有买这个桃子，舒服的椅子是人家家里的，漂亮、有权有势力的人又不认识……这时他就会乖乖调整自己，缩回自己贪婪的双手，移开自己愚蠢的眼睛，打消自己的邪念，面对现实，做些合乎正义和理性的事情。

所以，人的理性显然将人原来只懂本着快乐原则行事的自己，从堕落和毁灭的道路上往光明、崇高、能够获得更持久幸福的道路上行走。也正因如此，人不用妄自菲薄，也不必彻底悲观绝望，不必将彼此都想象得无比罪恶自私不可救药。

大部分人，就算他们一开始难以控制自己只求得一时的冲动，但稍受教育、稍有理性、稍稍对未来有一些想象和计划，对现实和社会稍有一些接触和了解，他还是常常会自动学会将个人的快乐暂时放在一边，甚至主动承担一时的痛苦，来为他人做些事情，替自己的未来考虑。头悬梁、锥刺股地去学一些东西，乃至将自己的利己、鼠目寸光的本能的行为慢慢变成一种"利他"或有长远目标的行为，来创造出一种美好和崇高的感觉（美好和崇高其实就是人类的一种自我心理激励机制）而奋斗，其最终目的还是为了让自己能得到更多、更久的好处，来作为未来的快乐保证。

所有那些看起来是自我贬低、自我束缚体制、法律道德规范，其实就是人类不仅具有快乐需求，同时也有"现实眼光"的一个证明。当然，具体到每个人，理性和贪婪的程度可能有所不同，但是，能够克服贪婪和愚蠢的唯一法宝，不是佛陀，也不是上帝，是我们自己的理性。

弗洛伊德发现的"唯乐原则"和"唯实原则"，它能让我们懂得理解、宽恕他人并且对未来满怀希望。一个人在短暂的人生中，就应该用理智去战胜本能，在该克制的时候就克制，该忍耐的时候就忍耐，该享受的时候就享受，该放纵的时候就放纵，直到生命的最后一刻。

重复现象——自己的命运自己掌控

　　强迫重复能使人回忆起过去的一些不包括任何产生愉快的可能性的体验，这些体验甚至在很久以前也从未给一直受压抑的本能冲动带来过任何满足。

　　在现实生活中，在很多人的身上都明显地存在着强迫重复现象。比如一个施惠者，在每一次恩举之后不久被他的受惠者愤怒地抛弃，他仿佛要尝遍所有忘恩负义的痛苦。又如，有一个人，他所有的友谊都以朋友的背叛而告终。再如，有一个女人的每一件恋爱都经历相同的阶段，得到相同的结果。

　　这种同一事件不断重复的现象，它与行为者主体的行为相关，并且能够在该行为者身上找到总是保持不变的基本个性特质，而且这种性格特征被迫在同一种经验的重复中表现出来。

　　有一个40多岁的女人，她经历了三次婚姻经历，每一次婚姻经历都遭遇到了同一命运的重复。

在她21岁那年，她与自己的心爱的人步入了婚姻的殿堂。婚后，她的丈夫很关心她，也很体贴她。她在愉悦中度过一段美好的日子。但在两年后，他的丈夫被诊断出患有肺结核病，并且已经到了晚期。在她的丈夫住院治疗期间，她陪伴在丈夫的身边，悉心照料了半年之久。但她的丈夫最终还是被病魔夺去了生命。在丈夫死后的，她承受着对丈夫痛苦的怀念。

丈夫死后2年，在邻友的关心下，她又与一位很知名的医生相识并相爱了。不久，她满怀喜悦地与这位医生结婚了。但不幸的是在她结婚一年后，她的丈夫又得了癌症。又与第一次经历一样，她照料着丈夫，希望丈夫的病情有奇迹发生。半年之后，她丈夫病情没有出现奇迹，死在她的怀抱里。

经历了两次痛苦的经历，她不明白命运为什么如此捉弄人？难道是命该如此？她的身心也因此受到了严重的打击，对生活也丧失了信心。

两年后，又有人给她说媒，但都被她委婉地拒绝了。她不想让同样的经历再次发生，她心中的症结也无法解开。

　　后来，一位与她相识多年的朋友偶然相遇了，当他们聊到人生的经历时，她向这位朋友诉说了自己痛苦的经历。这位朋友很是同情她，并也向她诉说了自己婚姻的不幸——亲爱的人离她而去，与一位很有钱的富翁跑了。婚姻的不幸，让他们两人有了更多的共同语言。

　　这位朋友在后来的日子里给了她很多安慰和帮助，并让她重拾了信心。日久生情，她那已经死去的心又开始蠢蠢欲动了，她又爱上了这位朋友。

　　后来，他们结婚了，开始共同去创造新的人生。但不幸的事又在她身上发生了。他的丈夫在一次出差中出了车祸，伤势严重。在医院里，她流着眼泪在手术室门外期盼着丈夫会安然无恙。两个小时后，医生告诉她，她的丈夫抢救无效，去世了。

　　这位妇人，连续嫁过三个男人，每一个男人都在婚姻后不久身亡，而且在临终前都由她来照料。她的人生经历好像只是一种被动的重复，她对此经历并未施加任何影响，但这种经历却遭遇了同一命运的重复。

　　这就是弗洛伊德认为的，人的心中存在着一种强迫重复，它的作用超过了唯乐原则。

　　一般情况下，人的命运大部分掌握在自己的手上，这是由其幼儿期所决定的，童年时的经历与经验在很大程度上决定了一个人的生活。在个体的稳定个性特征中，确实存在着某种"强迫重复"现象，只不过这种现象少被意识所关注而已。

　　在现实生活中，我们或多或少地都存在着重复行为现象，但有的人已经成为了重复行为成瘾者，这种人往往重复地去做一件事情而自己无法克制。比如，不能控制自己去不停地上网，或者不停地收集某种东西，很多女孩子就会不停地买各种样式的包。

　　重复现象的发生，不仅是一个人在行为上成瘾，而且在心理上也已经成瘾。成瘾者对于重复做某件事有着极强的心理需要，不停地重复着同一行为。一旦被迫中止，就会产生痛苦、焦虑的情绪，还出现了躯体症状。

　　人的大脑有三分之一的结构属于行为强化系统。反复做一件事情，就会使行为强化系统过度兴奋，交感神经系统高度变化，这样人便会对反复从事的行为成瘾。当成瘾的行为模式受到挫折而不能进行下去的时候，就会产生与吸食鸦片的人突然被强制戒毒时类似的反应。

　　很多人都会从事不断重复性质的工作，但为什么不会"重复行为的成瘾"呢？那是因为工作心理决定是否会"重复行为的成瘾"。"重复行为成瘾"的人工作很被动，工作目的大多停留在维持生活上，而没有把对生活的理想和追求寓于工作之中。在工作的过程中，他们没有主动地发挥自己的创造性。

　　如果在工作时有明确的目标，我们就能够锁定工作的范围。如果没有明确的目标，我们就会漫无目的，心理上也得不到获得工作完成之后的成就感。这在客观上就导致了不断重复同一行为，使大脑内部发生变化，最终形成"重复行为成瘾"。也有小部分成瘾者只是为了消磨时间。他们的工作比较清闲，对于事业没有追求，只有在不停重复的时候，他们才感觉自己是充实的，一旦停下来，他们就不知道干什么才好，觉得生活失去了意义。

　　性格内项、拘泥细节的人，通常做事情会钻牛角尖，大有"不达目的誓不罢休"的劲头，而且做事情的时候很追求面面俱到。他们做一件事情的时候会非常投入，并且一旦认定某件事情就很难改变。因此，他们更容易形成重复行为的习惯。这种习惯的不断重复，最终他们自己也无法控制，形成"重复行为成瘾"。

意识功能——克服兴奋中的欲望

当兴奋从一部分传递到另一部分时，必须克服一种抗拒，而当这种抗拒被克服时，就会留下一种永久性的兴奋痕迹。

在人的意识系统中，兴奋是一种促进作用。人的兴奋可以在可能的范围内提供接受刺激的条件，并且由于兴奋可能发生进一步的变化。人的那些处在更深层次的兴奋，能够产生愉快或不愉快的心理。

人的兴奋的产生，有外部刺激产生的兴奋，也有内部刺激产生的兴奋。内部刺激产生的兴奋往往更容易让人产生愉快或不愉快。人的兴奋状态往往会产生两种结果：一是愉快或不愉快的情感压倒了所有外界刺激；二是人们会采取一种特殊的方法，以应付任何会导致不愉快情感极度增长的内部刺激。人的心中有一种倾向，即往往把内部的刺激不是看作来自于内部，而是来自于外部，因此就可以发挥那个抵抗保护层的作用，把它作为抵抗内部刺激的作用。

有一个班级举行慈善义卖徽章的活动，每一个学生都拿到了一张记录捐款的单子，而且必须推销一定数量的徽章。13岁的马莉可爱大方，带着甜美的笑容走向了人群，没有人忍心拒绝她。没用多长时间，她就把徽章都推销了出去。

看着这么多钱，她很兴奋。她觉得自己很辛苦，应该犒赏一下自己，这是理所当然的。推销徽章得到的钱在向她招手，可以拿来买很多自己喜欢的东西。她不去想钱是怎么来的，目的为何。此时此刻，她认为钱是自己的。

于是，她拿着钱去买了自己喜欢吃的糖果和玩具。

学生们要在同一天交出单子和收到的钱，马莉把钱花光了，如何交差？于是她机灵一动，编了一个谎言：她告诉老师说，自己把拿放在了家里，并要求老师多给他一点徽章去卖，之后，她一并把钱交上去。她拿到新的徽章，希望这当中发生奇迹，让自己脱困。到了该交钱的时候了，奇迹并没有发生，她陷入了苦恼之中。

左思右想，她机灵一动：他告诉邻居妈妈出外访友，她需要买点学习用具，可否借她一点儿钱？邻居借给了她钱，她有足够的钱上交学校了。

后来，她期盼着邻居忘记她借钱的事，她自己的策略是"不去想它"。一个星期之后，邻居向马莉的妈妈说起了借钱的事。马莉并没有承认事实，她又编织一个谎言：卖徽章的钱，自己不小心弄丢了。

马莉在卖徽章中拿到了钱之后，在兴奋的驱使之下，忘记了这次活动的目的。她的个人欲望占据了她的心灵，她没有在兴奋中去克服欲望，也就是说在心理上没有"抗拒"兴奋，只是遵循着"唯乐原则"行事。人在兴奋的作用下产生的欲望，就如骤然拉开的弦，装满了各种需求。如果一个人没有"抗拒"的自我本能，那么等待他的将是人格的扭曲，人生也注定会因此走向毁灭。

一个人如果不打算接受自然规律、生活规范，也不愿意遵守人生游戏规则，只是按照心中的唯乐原则行事，那么，他会是什么样子呢？他如同生活在一个橡皮的世界里，这个世界表面上看起来很随和，有弹性，但是却暗生着很多危险。

对于这样的人来说，那些有义务、有约束性的东西他必定敬而远之，对那些真实的东西也很抗拒，常表现出质疑、轻视，或者熟视无睹，他试图超越现实原则，获得心中本能的自由。

这种人活在虚幻的世界里，他倾心全力追求的自由，而最终获得的也是假自由。随着时间的流逝，他的追求也就会变得越来越危险。他眼里的实际情况裹着诺言的糖衣，没有了真实性。远离了事实，他将生活在虚幻的国度里，并为之付出沉重的代价。当虚幻与真实的裂缝越来越大时，就会造成严重的心理障碍，形成人格扭曲的恶性循环。

如果一个人心中的渴望搔得他无法自控，他就会失去理智，不去想后果，任性而为。人们常说，心有所期盼便会鬼迷心窍，不立即获得满足就不会罢休。对自己的行为不能正确审视，不计后果，欲望战胜了一切。

因此，一个健康的人格的形成，必须克服欲望，面对现实，活在当下。活在当下，就是忘掉过去，没有必要过分纠缠昨天的错误，生活总是从今天开始的。并在当下的生活中，能够时时用理智战胜自己，不要让心智中的兴奋扰乱我们的生活，不要向兴奋中产生的各种诱惑俯首称臣，这才是正确的人生。也就是要把唯乐原则与现实原则相结合，超越人心中的唯乐原则。

死本能——施加趋向死亡的压力

我们不得不承认，"一切生命的最终目的乃是死亡"。因此，死本能存在于每一个体之中，它施加着趋向死亡的压力。

人为什么会有死亡的冲动呢？那是因为人的潜意识之中有一种力引导生命走向死亡的本能力量。死亡冲动是人在原始情感中所共有的，瞬间的死亡冲动更接近一种人类特有的情感。

古今中外的许多文学泰斗都曾在作品中表达对死亡的态度。泰戈尔说："生如夏花之灿烂，死如秋叶之静美。"在他的笔下，死亡和生存一样美丽；莎士比亚也曾在《安东尼和克利奥佩特拉》中写道："死的震击似爱人的技巧，它似伤害者，也是被欲求者。"他们不是用消极抵抗和悲观来看待死亡，而是将死亡赋予了许多美丽的令人向往的色彩。就像人希望在"幸福中死去"，实际上并不会真正地去死，只是对人类生命有限性的无可奈何的颠覆。

"啪"的一声，当父亲不顾母亲的反对，再次扯下光纤插头呵斥女儿去做作业时，17岁的女儿婷婷痛哭着跑回卧室，服下了早已准备好的"毒鼠强"，幸好婷婷的母亲及时发现，送往医院，才挽救了一个花际的少女。

后来，我在医院里见到了婷婷和她的母亲。据婷婷的母亲称，出事那天晚上10时许，正在读高一的女儿打开了电视等着看最喜欢的电视剧。"你作业都没有做完就来看电视，去做作业！"婷婷的父亲厉声责令女儿，但婷婷还是继续看起了电视。见女儿如此不听话，愤怒的父亲走到墙角，一把扯开了电视机的光纤插头，婷婷见状又固执地重新将插头插了上去……见父女俩起了争执，母亲在旁说了一句"女儿刚补完课，你就让她看一下嘛！"

"你就晓得护她！"见妻子也帮起了女儿，小雪的父亲勃然大怒。随后夫妻俩便吵了起来，痛哭的婷婷跑回了自己的卧室。当母亲去找女儿时，发现坐在电脑桌前的婷婷全身发冷，旁边放着"毒鼠强"的包装盒。

婷婷的母亲说，她丈夫是个没有文化的人，从来不懂得什么叫沟通，"一出现问题就只知道打和骂"。婷婷说，父亲的脾气十分暴躁，她有自杀想法已经有半年了，药是她一个月前从地摊上买的。

而婷婷的父亲则说，他和女儿"根本就无法沟通！我说她不听，她妈还要和我吵"，他根本就没有想到女儿会服毒自杀。并说，他将所有希望都寄托在了女儿身上，但没想到却是这个结果。

人有三个反叛期，第一个反叛期是1岁左右，第二个反叛期是是12岁到14岁左右，第三个反叛期就是青春期，即在17岁到20岁左右。在反叛期间内，一些不顺心的事，很容易唤醒人的死亡本能。婷婷所处的年龄正是青春期，也就是从一个"自然人"向"社会人"过渡的时期，这一时期是高度的反叛时期，如果在这一时期，人的情绪得不到适当的宣泄，堆积到一定的程度，就会唤醒人的死亡本能。

婷婷正是由于得不到父亲的尊重，压抑的情绪又得不到宣泄，最终死亡的本能战胜了生本能，酿成了悲剧的发生。

在生活中，你也许有过想从高处跳下的冲动；也许曾经想投身飞驰的车流；也许曾经不可遏制地想到自己被溺死、被刀割的场面。你可能会觉得这些极端的做法非"正常人"所为，但咬指甲、想文身这类的想法并不少见，"钱财乃身外之物，生不带来死不带去"这句话你应该常听别人说。但你是否知道，在心理上，这三类完全不搭界的情况其实毫无差别，至少从产生的心理原因来看，它们都是源于同一种人类与生俱来的能力———死亡本能。

弗洛伊德认为"几乎所有的人在潜意识的底层都有死亡本能。它与生本能相对应，构成人类心灵底层最重要的两种本能力量"。

人往往对于头脑中转瞬即逝的东西难以引起足够的重视，但恰恰是这"一闪念"泄露了人类生死的秘密。弗洛伊德首次发现了这个秘密。

弗洛伊德认为"死亡冲动是人在原始情感中所共有的"。当人面对美丽的景色，觉得特别高兴的时候，都可能会有种希望个体消失、消融在景色中的冲动。在爱情关系中，情侣在特别幸福时，也会有种"如果死在此刻就好了"的感觉。人们内心中爱的本能达到一定强度值会希望用死亡去定格它，就像用照相机定格一样。爱的本能就是人生的本能最重要的表现。

这与神经症患者的自杀是不同的。神经症抑郁患者的自杀行为和自杀念头表达的则是生与死的较量与矛盾。

人在美景面前的死亡冲动实际上是用"结束"来定格此刻的美好。在情感达到一定强度时，希望用想象的"死"的方式来定格体验。这与自杀完全不同。

"危险的情况，甚至有时候自虐和自残的行为，会使死亡本能受到生存本能的压制而减弱。"弗洛伊德认为具有非主流性格的人，可能会撕扯自己的头发、拿刀割伤自己，但有时候刺伤自己，虽然让他们感到疼，其实反而避免了自杀。

比如，有的人为了惩罚自己拿刀割自己，当剧烈的疼痛产生时，这种疼痛会让他觉得一方面惩罚了自己，因此减轻了自己的愧疚感而感到释放，另一方面让他觉得疼痛，反而觉得生命的可贵，从而避免了自杀。而有的人会通过某种轻度的自虐来满足自己潜在的死亡冲动和本能。

因此，人们完全没有必要对偶尔出现的死亡冲动感到害怕，就像人没有必要对噩梦感到恐惧一样。人会潜意识地用令人恐惧的场景和想象表达一个并不令人恐惧的，甚至是美好的愿望。我们只需要充分认识和理解自己死亡本能和死亡冲动所表达的意义，揭示表象背后的真相，正确面对死亡冲动，就不会怀疑自己有心理问题。

现在的心理治疗，也习惯用疾病的眼光，从精神分析视角、存在主义视角、现象学视角来看待关于死亡的现象。

一位心理医生告诫大家说："不用太关注自己的死亡本能，把它当作自己偶尔冒出来的一个小想法就行了。就像人会感到饥饿和困乏一样，这是一个很普通的本能，顺其自然就好。但如果是病态，就不是死本能造成的死亡冲动的问题，就必须求助专业医生。"

生本能——生的愿望的直接体现

生本能是指人的自我保护本能和繁衍壮大的本能。具体表现为人的性欲、性冲动和性交能力以及自我躯体保护和心理保护。

人都有会心理防御机制。比如看到喜欢的异性，会引发起你的性冲动，想与之性交。这就是人的生本能的体现。不要以为这个念头很肮脏，这样的念头无论男女都会有。这只是人的生本能的很正常的体现，只要还是在生育年龄阶段的人，都无可避免地会有这么一个"滥交"的冲动念头。

自我躯体保护比较容易理解，就是当发生危险的时候，自己会意想不到能做出保护自己的行为。就好像要往下掉的时候，力气忽然增大很多倍，紧紧抱住东西不让自己往下掉。这其实也是人的生本能的表现。

人的心理防御机制就复杂多了，但都是出于保护原则。比如自己喜爱的人死了，内心会一下接受不了这个信息，继而会先否认，说那是假的，他没有死。这个心理防御机制我们叫作否认，在这里的表现是为了避免打击过大，好让心理承受有一个缓冲的过程，再慢慢接纳下来。总的来说，生本能就表现为使自己不受伤害，它是一种创造性的、求生的力量。

康宁汉小时候因为一次火灾而下半身被严重烧伤。连医生都说："这孩子的下半身被烧得太厉害了，活下去的希望实在太渺茫。"

康宁汉不愿意就这样被"死神"带走。在强烈的求生的欲望支撑下，他终于熬过了生死攸关的时刻。

手术后虽然保住了两条腿，但他却整天只能坐在轮椅上，他的下半身毫无知觉了。然而，他要用自己的腿走路的决心从没有动摇过。他让妈妈每天为他按摩双脚，自己每天都尝试着活动那毫无知觉的双脚。

终于有一天，在跌倒了无数次之后，他颤巍巍地站起来了，迈出了第一步。他的膝盖、手臂多处都磨出了血迹，但他始终没有放弃过锻炼。后来他不但学会了走路，甚至还加入了田径队。在一次运动会上，他跑出了全场最好的成绩。

在灾难面前，有很多人往往束手无策，甚至怨天尤人。在这时我们应该扪心自问，自己真的陷入绝境了吗？绝境尚有逢生的机会，关键在于自己是否能唤醒自己求生的本能，是否能以勇敢的精神去面对。

康宁汉之所以能够生存下来，顽强生活着，并做出超乎常人想象的事，这是因为他的心中生的本能占了主导地位，压制了死本能，凭借着毅力和坚强创造了一个个奇迹。

弗洛伊德认为，在人的潜意识之中，生本能和死本能相互作用，它构成了人类心灵底层最重要的两种本能力量。

人的生死都是自然界的规律，那么和求生相对的，在潜意识之中必然也有求死的心理，经过隐藏和变化，可能表现为人会做出不利于自己的事情，比如自寻烦恼，迷恋一份孤独感，自求痛苦，甚至死亡。

既然是本能，那么很多人活着会追求快乐，也会自酿苦酒。当快乐至巅峰，往往会怅然若失。当低沉到极点，往往却又格外有个上升的反弹。

死本能，很好地激发和衬托了生本能，人求死，又求生，生不如死，好死不如赖活着，看似矛盾，但又统一。生本能号称能创造奇迹，其实这也不过是死本能之能量的反弹而已。

这两种本能力量是相互斗争、相互矛盾的关系。人的潜力的爆发，往往体现为一种生存本能是否能够压制死亡本能的较量，同时，生的本能往往能够创造奇迹。

因此当我们面临困难和挫折的时候，要大声地告诉自己：我是世界上最棒的人！很多看起来无法克服的困难，其实都是"纸老虎"。它们之所以看上去不可克服，只是因为我们的生的本能还不够坚定，我们的目标还不够明确，我们的勇敢精神还没到位！

伟人之所以伟大，是因为处于逆境时他的生本能十分强烈，他仍能按照自己的目标行事。

生的本能的强烈，也能够让我们战胜恐惧的心理。消除了恐惧感，我们就能够敢于挑战自我，就会充满信心，敢于向看似"不可能"的事情挑战。

事实上，谁也不可能一次就把恐惧消灭得干干净净，每当恐惧出现时，我们就得通过自我对话、想象、期望以及对过去经验的记忆来对抗"恐惧"。恐惧感不能只靠着正面的思考来克服。当我们面对艰难的挑战时，只要抱定务实的态度积极行动，就能够克服焦虑、紧张的情绪，行动能提升我们的自信和自控能力。

第四章

自我与本我

人类行为的心理动因

对本我来说，自我是外部世界的代表——任何外部的变化都不能被本我经历过或感受过，而且不可能说在自我中有着直接的继承。

本我、自我、超我是人格结构的三种形式。在这三种人格结构中，它们相互作用、相互影响着。

本我包含要求得到眼前满足的一切本能的驱动力，就像一口沸腾着本能和欲望的大锅。它按照快乐原则行事，急切地寻找发泄口，一味地追求满足。本我中的一切，永远都是无意识的。

自我则处于本我和超我之间，代表理性和机智，具有防卫和中介职能，它按照现实原则来行事，充当仲裁者，监督本我的动静，给予适当满足。自我的心理能量大部分消耗在对本我的控制和压制上。任何能成为意识的东西都在自我之中，但在自我中也许还有仍处于无意识状态的东西。

超我则代表良心、社会准则和自我理想，是人格的高层领导，它按照至善原则行事，指导自我，限制本我，就像一位严厉的家长。

在人格结构中，只有它们和睦相处，保持平衡，人才会健康发展；而三者不和谐、不平衡时，就会产生异常的心理。

本我——受无意识力量的影响

本我是一个最原始的无意识结构，这是由遗传的本能，原始的欲望所组成，并同肉体联系着。

本我完全是由先天的本能、原始的欲望所组成的。它同人的肉体过程相联系，将躯体能量转化为精神能量，并且储藏它们和向自我、超我提供能量。本我是人格中最难接近的，但又是最有力的部分。说它难以接近是因为它潜藏在无意识之中；说它最有力，因为它是人所有精神活动所需能量的储存库。

人格结构的最深层部分是无意识，弗洛伊德把它定义为不曾在意识中出现的心理活动和曾是意识的但已受压抑的心理活动。这个部分主要成分是原始的冲动和各种本能、通过种族遗传得到的人类早期经验以及个人遗忘了的童年时期经验和创伤性经验、不合伦理的各种欲望和感情。

无意识具有无时空秩序、非理性与非现实性等特点。在通常情况下，我们并没有意识到它的存在，但它对我们的一切行为都产生影响。它影响我们的思维、感知和行为的方式，影响我们的职业、婚姻对象的选择，影响我们的健康状况、爱好、兴趣和习惯等。

在弗洛伊德看来，不存在任何自由意志的行为，有些行为表现上似乎出自我们的意识和自由意志，但实际上都是受无意识力量所驱使的，它们只不过是无意识过程的外部标志。有意识的心理现象往往是虚假的、表面的和象征的，它们的真面目、真实原因和真正动机隐藏在内心深处的无意识之中。

美国加利福尼亚州曾经发生过一宗离奇的连环案。一连几天，警察接到报案，接连有数位下班到酒吧休闲的漂亮女士被一男士用药酒弄晕，然而奇怪的是，这些女人醒来以后发现自己并没有受到伤害，也没有丢失钱财。

接手这个案子的探长感到很奇怪，经过长时间的追踪，他终于抓到嫌疑犯。嫌疑犯面目狰狞，精神恍惚，说话时前言不搭后语，看起来是一个非常危险的人物。

可是在审讯中却很难发现他的犯罪动机。他说自己既不是为钱，也没有非分之想。那么，到底是什么原因促使他这样做呢？

在心理医生的调查下，终于找到了他作案的动机。原来数年前，这位嫌疑犯有一位自己十分钟爱的漂亮的妻子，可是他的妻子不堪忍受平凡而贫穷的生活，凭借自己出众的容貌选择了到酒吧做应召女郎。丈夫无法阻止妻子，只好任其自由。每到深夜，想着自己的妻子要投入别人的怀抱，心中的妒火就油然而生。

一天，他买了一瓶安眠药，放到了妻子临走之前准备喝的水里。但那天妻子走得很匆忙，并没有喝水。

就是那一天，妻子在酒吧里与已认识很久的一位有钱人一起远走高飞了，从此就再无妻子的消息。

对妻子念念不忘的丈夫怀揣着那瓶安眠药到处寻找妻子的下落。他走遍了城里的每一个酒吧。每当看到漂亮的女士就会偷偷地在水里放一片安眠药，似乎他认为她喝了加了安眠药的水，就再也不会离他而去。

在这起离奇的案件中，那位嫌疑犯由于受到本我的控制，在潜意识中想挽留妻子，而做出了不理智的事，而他自己也不清楚自己为什么要这么做。本我就是这样，就像一个暴躁的婴儿，非常贪婪而不开化，往往只对自己的需要感兴趣，一点儿也不听从现实和理性的指引。

　　弗洛伊德说，在本我中充满着在潜意识中被压抑的本能、欲望和冲动，它力图使自我得到满足。它往往追求的是一种有碍于社会、不利于人类文明的满足和欲望。

　　在生活中我们都希望自己对事情做出理智的判断，恰当的选择，然而实际上，在我们清醒的头脑背后，却有一股不受意识控制的冲动，使我们的许多行为变得不理智，也不计后果。那股使我们冲动的力量，就源于本我，它是为了使自我得到某种满足，倘若这种满足不能实现，我们就会感到烦忧和懊恼，其结果不是这种本我的原动力消失或弱化，而是企图满足的要求更加迫切。

　　在生活中使我们冲动的力量，有时是因为恨，有时是因为爱，有时是一些痛苦的创伤，但无论怎样，它们都是一些我们自己也很难觉察到的东西。

　　对本我的了解越深，就会发现潜意识对人的影响的巨大，同时也会发现更多关于人性的秘密。在本我之中，潜意识不过是心理中的一部分，心理的大部存在于意识之下。

　　潜意识中存储了所有经验、记忆以及被压抑的某些东西，包括无法实现的需要和动机。

　　我们的大部分心理动机并不存在意识领域，而是深藏在我们的潜意识之中，只有深入了解了本我中的潜意识，才能更深刻地了解我们自己，从而更好地主宰自己的将来。

本我——切心理能量之源

本我是一切心理能量之源，它按快乐原则行事，它不理会社会道德、外在的行为规范，它唯一的要求是获得快乐，避免痛苦。

人的一切心理能量之源都是来自于本我，也就是说人的心理能量是幽闭在本我之中的。但是随着时间的延长，这些心理能量不断聚集、增长，以致机体内部紧张度太高而不能忍受。因此，本我会要求能量不断释放以减轻紧张度。当能量释放时，紧张度下降，人随之体会到快乐感。

一个名叫刘飞翔的小男孩，6岁时因一次事故患上了抽搐症，致使他成了一个半植物人。他的父亲是一个残疾人，其母亲因受不了生活的变故，改嫁他人了。

面对这种困境，刘飞翔的父亲含辛茹苦、呕心沥血地维持着这个支离破碎的家，并不惜一切代价，为儿子刘飞翔四处就医。苍天不负有心人，在刘飞翔的不懈努力下，19岁时，刘飞翔的抽搐症终于治愈。

刘飞翔康复之后，性情大变。为了满足私欲，他先抢占了哥哥的未婚妻，父亲为此气出了病，不久便离开了人世。他为报复自己的亲生母亲，他设计活活将母亲逼死。

哥哥对其弟刘飞翔的做法实在看不下去，就找弟弟讨说法。结果两兄弟大打出手，互不相让。从此，刘飞翔对哥哥怀恨在心，伺机报复。后来，他设计谋杀了自己的哥哥。

刘飞翔做出一系列丧尽天良，毫无人性的事，最终让自己走上了一条不归之路。

我们可以说刘飞翔有一种邪恶的本性，这种邪恶源自于本我，是本性的使然。一个人有邪恶的心理并不可怕，可怕的是失去自我的控制。

刘飞翔从小由于人生的不幸，给他的心理造成了负面的影响，在痛苦中邪恶之心油然而生，这种邪恶的心理能量一直隐藏在他的内心深处，又由于得不到自我的调节和控制，于是一步步走向了罪恶的深渊。

　　弗洛伊德认为，在人的心理结构中，本我之中会派生自我和超我。自我是人格中理智的、符合现实的部分。自我又不能脱离本我，而单独存在。自我的力量就是从本我那里得到的，自我是来帮助本我而不是妨碍本我，它总是根据现实的可能性力图满足本我的要求。因此，自我是本我的执行机构。

　　弗洛伊德把本我与自我的关系比喻为马与骑手的关系。马提供能量，而骑手则调节、引导和改变能量的方向，指引马向目的地前进。自我在本我与现实之间、本我与超我之间起调节、整合作用。

　　与本我不顾一切地追求享乐的办事风格不同，作为理性化身的自我则是按照现实原则办事，即是说自我总是根据现实情况来满足本我的欲求。现实条件许可时，就及时满足本我的要求；现实条件不许可时，就暂时延缓甚至否定本我欲求的满足，以求得与现实的协调，避免与现实发生冲突而带来痛苦的后果。自我活动过程具有逻辑性，符合现实的特点。

　　在一个人的童年生活中，父母总是有意无意地依据自己的道德标准和社会规范去评价、奖励和惩罚儿童。父母对儿童的某些行为做出好的评价，给儿童以物质和精神的奖励。对儿童的另一些行为，父母做出坏的评价，并给以惩罚。长此以往，儿童就知道什么行为是好的，什么行为是坏的，父母关于奖惩儿童行为的标准逐渐内化为儿童自己的行为规范。儿童可以在父母不在场的情况下自己评价自己，当自己的行为符合道德规范时，就感到愉快和满意(内在奖励)；当自己的行为违反了这些规范，就感到内疚，受到良心谴责。到这个时候，父母关于什么行为是好的标准就内化为儿童的自我理想，父母关于什么行为是坏的惩罚规则就内化为儿童的良心，这样本我就向自我和超我发展。

在生活中，常有一些家长告诫孩子说："在外面受人欺负时，一定要懂得还击，不要害怕。"这样的教育很容易让孩子产生邪恶的心理，这种心理能量一旦聚集到一定的程度，得不到自我的控制，就会变成一个丧尽天良的人。

在人性中善恶并存，恶的那一部分常被人掩埋心灵的最深处，并在潜移默化中滋生出毒害我们心灵的汁液，以毫不觉察的方式影响着我们的心灵和行为。要化邪恶为正义，就意味着在自我之中要拥有一颗善良的心。善良是驱除邪恶的力量，它可以赶走邪恶带给我们的痛苦，让我们的心灵重新找回阳光。

自我——受知觉系统的影响

自我源自于知觉系统，知觉系统是它的核心，自我由领悟到前意识开始，这个前意识与记忆的残余相毗邻。

人的知觉系统分为内部知觉系统和外部知觉系统。内部知觉是指人的内心感觉，包含着人的感情因素，是对各种各样的过程的感觉，当然也包括对来自于心理器官的最深层次的过程的感觉。外部知觉是指眼、耳、鼻感觉到的感观知觉。

外部知觉只有变成意识，才能成为自我的一部分，但要想使外部知觉成为意识，只有依靠记忆的痕迹，才有可能实现。

内部知觉系统产生的愉快或不愉快的感觉和感情比产生于外部知觉更原始、更基本，而且当意识处于朦胧状态时，它们也能够发生。我们的感觉和感情，也只有通过接触知觉系统才能变成意识。

　　有个叫张颜的学生，有段时间经常郁郁寡欢，好像有许多心事，老师找她多次谈话，她就是什么也不愿意说。

　　有一次，她对老师说："老师，我很感激你对我的关怀，但有些事我不愿意提及，提到那些事会影响我的心情。"

　　过了一段时间，她主动找到老师，说："老师，我想和你谈谈。你能替我保守秘密吗？"老师看着她的眼睛说："请你相信我，如果你不相信我，那么你可以不说。"

　　她终于说出了自己的心事。早在几年前，她的父亲就离开了家，她和妈妈生活在一起。母女两人相依为命，走过了清灯孤影，含辛茹苦地过着清苦的日子。后来，她妈妈为她找了个继父。他们两个人经常为她的上学问题发生口角，由于家庭经济困难，继父想让他的孩子上学，母亲为此而与他争吵。她为自己的母亲担心，怕她母亲因此失去了丈夫；又为自己担心，怕她自己因此失去了学习的机会。她内心很害怕，也很矛盾，不知道自己该怎么办？

　　她很想告诉老师，又怕老师笑话，同时也害怕同学们知道了，不好意思。她很想静下心好好学习，可是回到家，一看到母亲的愁容，心就乱了，学习成绩也下降了。

老师听完后说："问题实际上出在你身上。你在感情上不能接纳你继父，是你们家庭出现问题的总根源。你回去后，跟你妈妈说，我继父对你很好。你主动和你继父打招呼，有什么问题不便于交流了，你可以给你继父、妈妈写信，表达你对家庭的看法。在信中你可以说，你们的安宁幸福，就是我最大的愿望。家庭的和睦，是我最大的愿望。并主动关心你继父，关心他的工作，关心他的情绪，让他回到家，感受到家庭的温暖，享受到家庭的温馨。你要能做到这些，我想你们家庭的问题就可以解决了。你上学的问题，也就不是什么困难了。"

后来，她的继父，感受到女儿对他的关心后十分感动。一次开家长会，他向老师说，对于女儿上学的问题，就是我们困难再大，也不能让他耽误学习。

如今，张颜已没有什么心理负担了，学习成绩也不断提高了。期中考试，她已经跃居班级的第三名了。现在已经成为活泼乐观、奋发向上的好学生。

张颜一开始由于受自我知觉（自我感觉）的影响，对父母的认识存在偏差，特别是对继父，由此影响着自我的良性发展，并造成严重的心理负担。后来在老师的启发下，她认识到了自我感觉使自己对父母的行为的认识的片面性，并以实际行动来改变以前的错误认识，致使父亲对她态度转变，他的自我也得到健康的发展，从一个郁郁寡欢的人变成了一个活泼乐观、奋发向上的人。

人的自我知觉是对自己心理和行为状态的知觉，人们总是通过自我知觉发现和了解自己的。知觉是人的任何心理活动或行为的起点，并且贯穿在整个活动过程中，始终起作用。因此，开始的知觉可能导致个体一系列有倾向性的心理和行为，并在与对方的相互作用中影响对方，引发对方与自己知觉一致的行为反应，进一步强化自己的知觉，从而形成一种心理作用的循环。

自我知觉和社会知觉是密切相关的。自我知觉往往是在社会知觉中进行的，而在社会知觉中必然发生自我知觉。人们以自我作为认识的对象，这是个体对自己的认识，它属于社会知觉的一种形式。自我既是认识的主体，同时也是认识的客体。其认识的主要对象包括自己的个性心理的一切方面及相应的行为表现。

我们在认识别人时认识自己，接受别人对自己的看法，形成人自己的认识，以人为镜。同时，我们对任何人的认识都带有主观性，一个自视轻高的人往往贬低他人，而一个自卑的人又过高地估计了他人。因此，要正确认识他人，先要正确认识自己，人贵有自知之明。

自我知觉，在交往过程中随着他人的知觉而形成。通过对他人知觉的结果和自我加以对照、比较才使他产生对自己的表象。马克思曾指出："人降生时是没有带镜子来的，他是把别人当镜子来照自己的。"

对自我知觉和对他人的知觉二者是紧密联系的，对他人的知觉愈深刻、全面，对自我的认识就会愈随之而发展。

自我知觉对自身的行为有重要调节作用。正确的自我知觉会使一个人在群体中的行为得体；相反，一个缺乏自知之明的人，或者说知觉的错误常常会使他遭遇各种不应有的挫折。

自我——对心理力量的管理

　　自我控制着进入外部世界的兴奋发射，自我是管理着它自己所有的形成过程的心理力量。

　　每个人都有一个心理过程的连贯组织，这就是自我。人的意识就隶属于这个自我，它控制着我们的心理活动的方法。

　　由于自我对心理力量的控制和管理，即使在人入睡时，它也对梦起着稽察作用。人的压抑情绪的产生也是从这个自我发生的。通过压抑，自我试图把心理中的某些倾向不仅从意识中排斥出去，而且从其他效应和活动的形式中排斥出去。在分析中，这些被排斥的倾向处在自我的对立面。分析面临着一个任务，就是去掉抗拒，自我正是用它来表示自己与被压抑的东西无关。

　　这样，由于在心理能量的作用下以及对其控制和管理的程度，这决定着自我人格的倾向。可以说，自我在人格中处于核心地位，自我是一个复杂的系统，自我稳定性涉及自我极其构成以及生活经历的事情，它对心理健康起着核心作用。

一位老师讲述了自己的工作经历，他说：

在刚工作时，年轻气盛的我被分配到偏僻小村庄教学，面对艰苦的条件，我整日憋足了劲想调走。现在想来，这点所谓的挫折也不算什么大事，反而是一笔难得的财富。

两年后，我调回家乡的小镇，又因为缺少教学经验，领导检查、听课时总拿我开刀。一位领导甚至问我：'一年入门，三年骨干。你工作几年了？'那段时间我真的很压抑，整天提不起精神，沮丧到了极点。

在好胜心的激励下，我一咬牙，暗地里憋足了劲，虚心向同年级组老师请教，渐渐摸索出一点门道。

近四年来，在教学上我积累了丰富的经验。在市局进行课堂达标检查时，我的课被评为优质课。同时，我还经常指导学生开展少先队中队活动。因此我也自信了许多，找到了工作的快乐。尤其是自从接触了电脑，经常上论坛，参与教育教学问题讨论，我的一些文章居然还见诸报端。如今，我读书，我教学，我写作，我快乐。学生受到我的鼓励和触动，我也受到学生的启发，和学生共同成长，这难道不是人生的一大快事？

这位老师在单调重复的教学生活中，在平淡无奇的日子里，寻找到了人生的快乐。这一快乐心理的产生，就是他能够对自我心理能量进行正确管理。换句话说，他懂得如何对自我心理进行调适。

首先，当他遇到挫折的时候，他将挫折当作锻炼的机会，不懈努力。这样他就能体验到挫折带来的积极效应，变挫折为财富，变压力为动力。

其次，他敢于正视自己，找准自己工作中的优势所在，并从中体验成功的快乐，这样增强了他的自信心。

最后，他总喜欢做自己喜欢的事，比如阅读、写作，探讨教学问题讨论。在做自己喜欢的事情的时候，人的心情就会放松，就很容易体会人生的快乐。

人的心理现象极其复杂，每个人的情况也千差万别。这是由于各自对心理能量的控制和管理的结果。自我能否对心理实行有效的管理，是我们能否形成高尚人格、健康心理的关键。

在实际生活中，衡量一个人的心理是否健康可以从以下四个方面入手：其一是能否正确对待自己，是否有自知之明，是否对自己做恰如其分的评价，是否能正确地对待别人；其二是能否正确对待工作、学习、生活。其三是能否正确对待工作、生活、学习环境，是否有适应环境的能力。其四是对工作、生活中出现的各种问题和挫折，是否能做到不退缩、不逃避、不幻想。

一个人如果能做到以上四点，他就可以使自己的心理处于一种和谐、自然的健康状态。对自我心理的正确管理，既可作为心理健康的手段，也可以作为心理健康的目的。把手段与目的一体化，是进行心理能量管理行之有效的方法。它同时也是一种理想和追求，是永无止境的。

反之，如果一个人做不到以上四点，他的心理就会失衡，就处于一种不健康的心理状态中。面对不健康的心理，我们也没有必要惊慌失措，通过对自我心理能量的管理，可以摆脱异常的心理，维护心理的健康。这可以从以下几个方面做起。

1.加强修养，处变不惊

我们要清醒地认识到生命总是由旺盛走向衰老，直至消亡，这是不可抗拒的自然规律。因此我们应该养成乐观、豁达的性格，以一种平常心面对生活中的各种变化，并能适当地调整自己的生活和工作节奏，主动地避免因各种变化对心理造成的冲击。那些拥有宽广胸怀，遇事想得开的人是不会受到异常心理疾病的干扰的。

2.合理安排生活，培养多种兴趣

人在无所事事的时候常会胡思乱想，对心理形成干扰。适度地紧张有序的工作、学习可以避免心理上滋生失落感，可改善人的抑郁心理，可避免心理能量朝不健康的方向发展。同时，要培养多种兴趣。一个有多种兴趣的人总是觉得时间不够用，就不会有更多的时间去异想天开。丰富多彩的生活可以驱散不健康的情绪，增强生命的活力，令人生更有意义。

3.保持心理的宁静

面对生活中的困难和挫折，不要紧张、焦急烦躁、手足无措，要保持一颗宁静的心，只有心理宁静了，才可以找到解决问题、战胜困难的方法。一旦战胜了困难，人的心理负担就会随之消失。

4.正确认识自我，使自己的思想和行为符合社会规范。

人都生活在社会群体之中，这要求我们的思想和行为要符合社会规范。要抛弃本我中的本能冲动，摆正个人与集体、个人与社会的关系，正确地对待得失、成功与失败，正确地对待自己与他人，这样就可以避免心理的失衡。

　　总之，良好的心理健康是人一生适应各种挑战的精神支柱，是保持良好生活质量的精神动力。我们应该用自我的力量去控制好自己的情绪，改变本我，发展完美的人格。

本我——能控制本能的冲动

　　自我与理智相一致，介于本我和外部世间之间，使本我寻求享乐的要求置于它的控制之下，它服从现实原则。

　　人的原始的欲望，本能的反应，比如食欲、性欲、恐惧等，是与生俱来的，遗留在我们的记忆里，它存在于本我之中。本我为了避免痛苦，寻求快乐，于是就会产生本能的冲动，这种冲动是非理性的情感冲动。但由于有了自我的存在，它可以用理智去控制本能的冲动。

　　人的理智可以升华人的本能欲望，疏导人的情感冲动，善于处理人与人之间的关系，即使引发利害冲突，遭遇挫折，人们也会十分理智地忍耐、克制，争取沟通、和解。仁爱、友好、宽容，与人为善、与人为乐，生活才充满了希望，社会才会井然有序。

　　然而，人的非理性的本能欲望和情感冲动，并不总是那样驯服。一旦人们由于内在与外在的种种原因失去理性控制时，本能欲望（非理性的情感冲动）就会使人陷入盲目、迷茫、混乱之中。

　　有一个农夫，因为一件小事和邻居吵了起来，争论得面红耳赤，谁也不肯相让。最后，农夫只好气呼呼地去找牧师。因为牧师是当地最有智慧、最公道的人，他肯定能判断谁是谁非。

　　"牧师，你来帮我们评评理吧！我那个邻居简直不可理喻，他竟然……"农夫怒气冲冲，一见到牧师就开始了他的抱怨和指责。但当他正要大肆讲述邻居的不是时，却被牧师打断了。

　　牧师说："对不起，正巧我现在有事，麻烦你先回去，明天再说吧。"

　　第二天一大早，农夫又气愤地来了。不过，显然没有昨天那样生气了。"今天您一定要帮我评个是非对错，那个人简直是……"他又开始数落邻居的恶劣。

　　牧师不快不慢地说："你的怒气还没有消退，等你心平气和时再说吧！正好我昨天的事情还没有办完。"

　　接下来的几天，农夫没有再来找牧师。有一天，牧师在前往布道的路上遇见了农夫，他正在忙碌着，心情显然平静了许多。

　　"现在，你还需要我评理吗？"说完，微笑着看着对方。

　　农夫羞愧地笑了笑，说："我已经心平气和了！现在想来那也不是什么大事，不值得生那么大的气，为你添麻烦了。"

　　牧师仍然心平气和地说："这就对了，我不急于和你说这件事，就是想给你思考的时间，让你消气啊！记住，任何时候都不要在气头上说话或行动。"

　　农夫在邻居的争吵后，本能冲动的情绪延续了两天。后来，在自我的控制之下，他的心态也趋向了平和。很多时候，就是这样，人在有怒气时就容易产生冲动的情绪，有可能做出不理智的判断和行为。人只有在平和的心态下，才能理智地去看待和处理问题。

　　任何令人不愉快或反感的情境，如生气、厌烦和痛苦等等，都可能引发人的本能的冲动行为。一个人在冲动时，是很难控制自己的情绪的，往往会任性妄为，做出不理智的行为，给自己和他人带来不必要的麻烦，更有甚者会做出悔恨终生的事。

　　培根说："冲动，就像地雷，碰到任何东西都一同毁灭。"如果你不注意培养冷静、心平气和的性情，在遇事时没有必需的沉着冷静，那么碰到情绪的导火索就会让自己的情绪失控，就会非理智地去引爆地雷。地雷引爆后，受到伤害的不仅仅是他人，你自己才是最大的受害者，它有可能炸掉你的人生。

人是感情动物，表达情绪是无可厚非的，但是如果不加控制地表达，就成了一时冲动的宣泄，而此时的冲动者就成了一个最软弱、最容易被打败的人。

弗洛伊德认为，本我按快乐原则行事，但自我遵循的却是现实原则，自我在现实中忍耐和坚持，却暂时得不到快乐，但在痛苦之后，却会为自己带来更大的愉快。在自我的影响下，人能够忍耐，懂得三思而后行，这样冲动的情绪也就能够受到自我控制。

一个人该如何去控制本能的冲动呢？可以从以下几个方面入手：

1.自我分析，明确目标

对自我进行分析，找出自己在哪种环境中、哪种活动中最容易产生冲动情绪，并且自制力差，然后拟出培养自制力的目标、步骤，有针对性地培养自己的自制力。同时，也要对自己的欲望进行剖析，扬善去恶，用自我去抑制自己的某些不正当欲望。

2.提高认知水平

一个人的认知水平，会影响一个人的自制力。对事物的认知全面正确，你就能够不受坏情绪的影响。有这样一句话，认知决定动机。有什么样的认知就会有什么样的动机。动机是在认知的基础上产生的。一个对人生的意义有着明确认知的人，会自觉地抵制各种诱惑，摆脱消极情绪的影响。因此在他考虑和处理问题时，就不会意气用事，会着眼于目标，从而获得一种控制本能冲动的动力。

3.绝不让步迁就

培养自制力，要有毫不含糊的坚定心态和顽强意志，不论什么东西，只要意识到它不对或不好，就要坚决地克制，绝不让步和迁就。

4.经常进行自警

遇到诱惑时，要学会自警，要自己管理自己。遇到挫折想退却时，要警告自己别怯懦。时时警醒自己，就会唤起自我中的心理能量，就会用自尊去战胜本能的冲动，就能成功地控制自己的情绪。

5.进行自我暗示和激励

自制力在很大程度上表现在自我暗示和激励等意念的控制

上。当你从事紧张活动之前，要反复默念一些建立信心、给人力量的话，时时激励自己，在面临困境或身处危险时，要时时告诫自己要沉着冷静，要用自我中的能量来获得精神的强大支撑力量。

　　总之，冲动是在丧失理智的状况下的心理状态和随之而来的一系列恶性行为。只有理智的人才能真正驾驭自己的人生，只有在理智的指导下才能拥有平安、稳定、完美的人生。

超我——受自居作用影响

　　自我在很大程度上形成于自居作用，这个自居作用取代了被本我抛弃的精力贯注；在自我中，这些自居作用中总是作为一种特别的力量行动着，并以超我的形式从自我中分离出来，以后当这个超我逐渐强大起来时，自我对这样的自居作用的影响的抵抗就变得更厉害。

　　自居作用是精神分析理论认识到的一个人与另一个人有情感联系的最早的表现形式。比如一个小男孩会表现出对他的父亲有一种特殊的兴趣，他希望长得像父亲一样，在各个方面都代替他的父亲。简单地说，他把他的父亲作为自我典范（超我）。在人的成长过程中，青春自居作用发挥了一定的作用，特别是在童年和青春期，自居作用的影响是最普遍和久远的。

　　但自居不仅仅是一种简单的模仿，它是在模仿过程中，自居者对自居对象的一种体验。超我把它在自我中的地位，或与自我的关系归于一个必须从两个方面考虑的因素：一方面，超我是第一个自居作用，也是当自我还很弱时所发生的自居作用；另一方面，超我是俄狄浦斯情结的继承者，这样它就把最重要的对象引进自我了。

亮亮是一个15岁的男孩子，吸烟的历史却已经有两年了。

他回忆最初接触香烟时，是在两年前的一个暑假里，那时他的爸爸正在出差。每当闲来无事的时候，他便租了一些警匪片光盘，并邀了几个要好的同学在家里一起看。

片中的那些神探都是烟不离手的人，他和同学们都非常佩服片中神探的机智和勇敢，同时也对神探依赖香烟来破案的习惯产生了浑厚的兴趣。

当他与伙伴们在一起讨论片中案情的时候，他父亲留在家中的香烟也就在劫难逃了。久而久之，香烟就成了他思考问题的催化剂。

亮亮最初的吸烟是在自居发生作用的影响下产生的，即受到片中神探的影响，形成了自我典范（超我）。但是当自居不再发生作用的时候，吸烟却已经成了亮亮的一种习惯。

　　弗洛伊德认为在人的心理形成中，自居作用最早发生在童年时期，那时的我们常会通过模仿父母的表情与行为而逐渐吸收父母的处世特征，使自己逐步成为像父母那样的人。我们常见一个小姑娘见母亲高兴，她也会兴奋异常；见母亲伤心，她也会随着哭泣，因为此时的小女孩已经将母亲的悲喜与自己的情绪融合在了一起。

　　自居作用对人影响最深的时候是在青少年时期。青春期阶段的我们常会通过效仿自己心中的偶像，而渐渐倾向于成为他们那样的人。在生活中，很多人的追星就是自居作用的普遍表现。

　　在个体的社会化发展中，自居对人的心理成长起着重要的作用。在童年时期，孩子通过儿童游乐中心、小商店等游戏体验了这些社会角色的行为模式，并形成了对各种社会角色特殊的自居；老师、家长们也通过树立榜样来引导孩子们建立对榜样的情感，即引导他们对榜样的认同与自居；孩子们因为喜欢影视作品中某位人物的形象，而将角色行为在现实生活中表现出来……可见，自居是教育的一种有效手段。

　　但需要引起注意的是，自居作用是一柄双刃剑，因为它既能使人产生积极的自居，同样也会形成不良的自居。案例中的亮亮，15岁就有两年的抽烟史就是明证。在现实生活中很多暴力者实施暴力行为时，在多数情况下是被自居作用所左右的。

　　乌鸦看见雪白的天鹅在湖水里优雅地游来游去，心想："天鹅为什么会那么白呢？一定是因为它天天在湖中洗澡。假如我也一天到晚地洗澡，那我身上黑色的羽毛不是也会变成白色的了吗？我要试试看。"于是乌鸦把家搬到了湖边，整天在湖水里洗来洗去，也无心再去寻找食物了。最后，这只终日想像天鹅一样美丽的乌鸦，不但羽毛没有变白，反倒被饿死了。

　　看到这个故事，我们还会不由自主地想起"东施效颦"的故事：东施因为倾慕西施的美貌而模仿西施病中的姿态，结果不但没有获得美的赞誉，反而遭到周围人们的嘲笑而丑名远扬。

　　这两个故事中的主角都以悲剧收场，但是在动机上却都是为了获得完美。这种追求美好的愿望存在于人的心中。有些时候，我们会因为别人在某些方面的优秀而喜欢他、接纳他，甚至可能会不自觉地模仿他。这种无意识模仿会影响人的心理变化。

　　良好的自居作用，会对人的成长起着积极作用，不良的自居作用则可毁掉人的一生。因此，我们在人生的历程中，我们要分清善恶美丑，要以美善的事物来自居，摒弃丑恶的东西。

超我——监督、批判及管束行为

超我是内部世界和本我的代表，超我会严格地支配自我——以良心的形式，或可能以无意识罪恶感的形式。超我的这种统治权力的源泉带有强迫特点的专制命令形式。

超我，是人格结构中代表理想的部分，其机能主要在监督、批判及管束自己的行为，超我的特点是追求完美，所以它与本我一样是非现实的，超我大部分也是无意识的。

在心理防御机制方面，很多时候，超我与本我之间，本我与现实之间，经常会有矛盾和冲突，这时人就会感到痛苦和焦虑，这时自我可以在不知不觉之中，以某种方式，调整一个冲突双方的关系，使超我的监察可以接受，同时本我的欲望又可以得到某种形式的满足，从而缓和焦虑，消除痛苦，这就是自我的心理防御机制，它包括压抑、否认、投射、退化、隔离、抵消转化、合理化、补偿、升华、幽默、反向形成等各种形式。人类在正常和病态情况下都在不自觉地运用,若运用得当,可减轻痛苦,帮助渡过心理难关,防止精神崩溃。若运用过度就会表现出焦虑抑郁等病态心理症状。

2007年,在奥地利发生了一起引起各国媒体轰动性的惊世大案。73岁的工程师约瑟夫·弗里兹尔被警察拘捕,在审讯中,他向警方承认自己把亲生女儿伊丽莎白囚禁在地牢里24年,并且与她生下七个孩子。

很多人对此事表示质疑,因为在生活中约瑟夫是一个中规中矩的人,认为他不可能做出这样的事。然而,事实却正如约瑟夫所说。

使这一案件浮出水面的原因是伊丽莎白的一个现年19岁的女儿,因患重病住院,医院和警方却无论如何也找不到她的母亲,随后女孩的父亲约瑟夫向警方出示了女儿伊丽莎白的一封信,要求人们不要寻找她。

这封奇怪的信引起了警方的怀疑,调查发现,原来伊丽莎白已经失踪了整整24年。在警方突击搜查下,终于在约瑟夫住宅的地下室解救出了被囚禁24年的伊丽莎白和他们的三个孩子。

因为严重营养不良，终年不见阳光，伊丽莎白的头发已经变成了白色，皮肤也很苍白，目前正在接受药物和精神治疗。伊丽莎白向警方说，1984年，当年49岁的约瑟夫将18岁的她骗进地下室，然后下药让她昏迷，用手铐绑住她的双手。第二天，约瑟夫夫妇报警说伊丽莎白失踪。一个月后，约瑟夫收到女儿来信，说她加入了一个宗教组织，要父母和警方不要找她。但实际上，伊丽莎白从那以后就被锁入一个狭小、没有窗户、大约只有1.6米高的地下密室中，密室房门隐藏在碗橱的后面，并且安装有密码锁，只有约瑟夫知道密码。24年来，伊丽莎白不断受到约瑟夫性虐待，她先后产下七名儿女，其中一个出生后三天夭折，约瑟夫将其尸体烧掉。除了被囚禁的三个孩子，另外三个孩子以伊丽莎白要求寄养的名义，在约瑟夫家过着正常生活，由于被转移时还是婴儿，这些孩子对自己的身世一无所知。

在地窖里，约瑟夫为"本我"人格。他只是一味地追求快乐和欲望的满足，不顾伦理道德。他只是认为自己在地窖中的一切行为都为人不知，于是为所欲为，超我在此时不起任何作用了。而他生活在地窖上时，面对人们，他则是遵循为"超我"，成为一个道貌岸然的工程师，这就如披着羊皮的狼。这就是人格的分裂。

弗洛伊德认为人格的三种构成——本我、自我和超我之间不是静止的，而是始终处于一种冲突之中，它们在一种协调的矛盾中运动着。本我在于寻求自身的生存，寻求本能欲望的满足，是必要的原动力。超我则起着监督、批判及管束自我的作用，以保证正常人的行为。所谓正常人的行为，就是要符合社会准则，能根据社会的要求和道德规范行事。而自我既要反映本我的欲望，并找到途径满足本我欲望，又要接受超我的监督。还要反映客观现实，分析现实的条件和自我的处境，以促使人格内部协调，并保证与外界交往活动顺利进行。如果本我、自我和超我不能平衡协调发展，则会产生异常的心理。

所谓异常的心理，就是偏离正常的心理。这是一个相对性极强的概念。所以判断自己心理是否异常，只能通过比较的方法。把自己的行为与社会认可的行为进行比较，看其行为能否被常人理解，有无明显离奇的行为。

例如，一个人突然当众脱衣赤身裸体，其行为不符合自己的年龄、身份和地位，不能社会上的人们所接受，对本人和社会都有危害，那么，这个人就可能属于心理异常了。

　　另外，还要与一个人以往的一贯的状态和行为模式相比较，看其心理过程或心理特点是否发生了显著变化，其与常态有无明显不同。如果一个一贯精明、积极工作的人，近来却变得生活懒散，愁闷少语，使人觉得前后判若两人，则要认真地考虑此人有无精神疾病问题。

　　经过认真的比较，如果发现行为改变极其明显，那么做出异常心理的判断是不难的。

　　判断自己的心理是否属于异常，通常可以从以下几个方面来加以分析：

　　1.是否有人际交往障碍？比如，是否对人际交往感到恐惧？在人前是否感到自卑？在社交场合中是否手足无措、脸红心跳？

　　2.情绪是否恶化？比如，是否经常悲观、抑郁、焦虑、烦躁、易怒，喜欢冲击？

　　3.是否有查不清原因的躯体痛苦？比如，长期慢性疼痛、植物神经紊乱、体力下降、长期失眠等。

　　4.工作、学习的注意力是否明显下降？

　　5.是否有反常行为，自己控制不了的行为？

　　6.是否极度讨厌自己和厌恶别人？

　　以上几个方面，每一个健康的人身上都或多或少地会表现出一些，但并没有形成异常的心理。那是因为这种异常还没有达到一定的强度。如果一个人的行为已经严重地影响了生活、工作、学习，并持续了很长一段时间，那就有可能有异常心理存在了。

超我——遵循的是"道德原则"

从本能控制的观点来说，可以说本我是完全非道德的，自我力求道德的；超我能成为超道德的，然后变得很残酷——如本我才有的那种残酷。

超我是道德化了的自我，它位于人体结构的最高层次。超我是由社会规范、伦理道德、价值观念内化而来，其形成是社会化的结果。

超我所遵循的是道德原则，它具有三个作用：一是抑制本我的冲动，二是对自我进行监控，三是追求完善的境界。

本我是非理性的，它是冲动的，时刻要满足自己的欲望。但是，人的社会性的一面使它无法直接满足自己的欲望，因而它就不得不潜抑在人的内心深处，运用其他的途径来变相地满足本我的欲望。这就是借助于和社会价值观近于一致的超我力量来满足。

本我设法把自己乔装打扮，或用其他的物件来代替自己，潜藏在超我的领地之中。自我是本我与超我之间矛盾的调和者、仲裁人。它们各自追求不同的目标，"本我"追求快乐，"自我"追求现实，"超我"追求完美。当三者处于协调状态时，人格表现出一种健康状况；当三者互不相让，产生敌对关系时，就会产生心理疾病。

一位18岁的高中三年级的学生刘娟，学习成绩优异，担任着班干部，工作很积极主动，但同学关系极差。后来以至于发展到班上没人理睬她，也没人愿意和她同住一个宿舍。这是为什么呢？

原来，她从小就养成了偷窃的习惯。她从几岁开始偷拿父母、亲戚、邻居的钱，到村子里的小卖部买零食吃，或买玩具玩。上学后，他常常偷老师和同学的钱或物。

仅在高中两年就偷了同学的三个录音机和近千元钱，还有一些课本、教学参考书、化妆品……她处处以自我为中心，有时用自己的钱或拿别人的钱买吃的，还分给别的同学，取悦同学，目的是让其他同学按她的意愿办事。对于她不满的事，她要么大哭大闹，要么想出各种办法去报复。

　　当同学们发现她偷东西的习惯以及她的为人时，大家纷纷疏远了她。

　　刘娟的行为表现出明显的道德缺陷，其人格属于悖德型人格，说得严重一点就是反社会型人格，这是一种犯罪型人格，其基本特性是没有道德原则，干了坏事一点儿也不觉得内疚，把自己的利益建立在别人的痛苦之上。

　　这种类型的人私欲极重，处处以本我为中心，其超我的发展严重受阻，因此他就不能用超我的力量去控制本我，会不择手段地去攫取。这种人格的形成，与其家庭教育和成长环境有着直接关系。

　　伦理法律是人性中恶的过滤器，而伦理道理法律的缺失或崩溃时欲望的毒液就会滋生。弗洛伊德说，超我是为了压抑非道德的本我与自我，不让其跨越道德的底线。但如果超我不能发挥作用，本我和自我就会失去控制，形成悖德型人格。前面已经说过，超我往往会受自居作用的影响。在生活中，有些人受到某些无原则、不道德的人的自居作用的影响就会不顾社会道德、法律准则和人们公认的行为规范，做出一些悖理的言行。

　　悖理型人格障碍者往往是在儿童、少年时期受自居作用的影响形成品行障碍，其主要原因有：早年丧父、丧母，或者双亲离异、先天体质异常、恶劣的社会环境、家庭环境和教育环境。家庭破裂、儿童被父母抛弃或受到忽视，从小缺乏父母亲在生活和情感上的照顾和爱护，这是悖德型人格形成和发展的主要社会原因。

如果父母对孩子冷淡、情感疏远，这就使儿童不可能发展超我的人格。儿童虽然在学习中认识到了社会生活的某些要求，但对他的情感移入得不到应有的发展。这里所谓的"情感移入"，其一是指理解他人以及分担他人心情的能力，或从思想上把自己纳入他人的心境中。其二是指父母的行为或父母对孩子的要求缺乏一致性。父母表现得朝三暮四，赏罚无定，使得孩子无所适从。由于孩子缺乏可效法的榜样，儿童就不可能有明确的自我同一性。

悖德型人格障碍者对坏人的引诱缺乏抵抗力，对过错缺乏内在的羞愧心理，这些都是由于他人的赏罚不一致、本人的善恶价值的自相矛盾所造成的。他们的冲动性和无法自制某些意愿及欲望，都是由于家庭成员对自己的行为无原则、不道德、缺乏控制的恶劣榜样造成的。

由此可见，悖德型人格的情绪不稳定、不负责任、撒谎欺骗，但又无动于衷的行为，都与所处的家庭、社会环境有着重要的关系。其中最重要的表现就是无责任感和无羞耻心，他们即便在做了大多数人通常感到可耻和罪恶的事情后，在情感上也无反应。

对有悖德型人格的障碍的患者来说，可以从以下几个方面来调适：

1.细心观察身边的善人善事，感受温情和爱心。要注重道德情感的教育，尤其要强化自己的责任感和义务感，懂得自己作为一个人，不能光享受，应该履行义务和责任。

2.培养自己的一些良好的兴趣，比如读书、运动、听音乐等，以此陶冶情操。

3.了解自己的行为对社会的危害，提高道德和法律意识，明白什么事可以做，什么事不能做，强化控制自己行为的能力。

4.家庭环境恶劣的，可以在学校、机关或亲友家住，以减少家庭环境的负面影响，同时也可培养独立生活的能力。

5.积极感受他人的爱心，带着感恩的心看待事物。总之，只要从身边的一点一滴做起，分清善恶正邪，担负起作为一个社会人的一份责任和义务，就能从心灵中扫除悖德型人格障碍。